江苏省装配式建筑发展报告
（2018）

江苏省住房和城乡建设厅
江苏省住房和城乡建设厅科技发展中心 主编

中国建筑工业出版社

图书在版编目（CIP）数据

江苏省装配式建筑发展报告（2018）/ 江苏省住房和城乡建设厅，江苏省住房和城乡建设厅科技发展中心主编．—北京：中国建筑工业出版社，2019.7
ISBN 978-7-112-23805-7

Ⅰ．①江… Ⅱ．①江…②江… Ⅲ．①装配式构件—发展—研究报告—江苏—2018 Ⅳ．① TU3

中国版本图书馆CIP数据核字（2019）第106314号

本书内容共5章，分别是：综合篇、科技篇、产业篇、示范推进篇、地方篇，以及2个附录，从装配式建筑结构体系、产业链发展、构件生产、示范工程展示等方面，全面系统地介绍了江苏省装配式建筑发展情况。
本书可供装配式建筑管理和技术人员学习参考。

责任编辑：万 李 张 磊
责任校对：芦欣甜

江苏省装配式建筑发展报告（2018）
江苏省住房和城乡建设厅
江苏省住房和城乡建设厅科技发展中心 主编
*
中国建筑工业出版社出版、发行（北京海淀三里河路9号）
各地新华书店、建筑书店经销
北京点击世代文化传媒有限公司制版
天津图文方嘉印刷有限公司印刷
*
开本：787×1092 毫米 1/16 印张：9 字数：167千字
2019年11月第一版 2019年11月第一次印刷
定价：130.00 元
ISBN 978-7-112-23805-7
（34134）

编写委员会

主　　任：周　岚　顾小平

副 主 任：刘大威

编　　委：陈　晨　施嘉泓　韩建忠　路宏伟　刘　涛

主　　编：刘大威

副 主 编：路宏伟

撰写人员：刘　涛　张　赟　孙雪梅　赵　欣　韦　笑

徐以扬　李石南　庄　玮　江　淳

参编人员：（按姓氏笔画排序）

王　媛　王京陵　曲　霞　朱　激　伏　健

刘堂传　李　媛　李纪军　杨宽荣　沈　忱

沈洪全　陆伟东　张志东　张阿龙　陈江渝

陈寿兵　范圣刚　周原也　侯　科　徐宏芳

徐晓冬　龚来凯　梁　波　鲍习文　管东芝

潘海涛

审查委员会

文林峰　叶浩文　徐学军　叶　明　张　宏

序言

党的十九大报告指出："我国经济已由高速增长阶段转向高质量发展阶段，正处在转变发展方式、优化经济结构、转换增长动力的攻关期"。在这一时期，与其他一些传统产业类似，建筑产业发展也面临着科技进步贡献率偏低、资源环境约束趋紧、劳动力成本显著上升等一系列突出问题，亟待通过深化科技创新、提升建筑品质、推广新型建造方式、降低资源能源消耗，进而推动整个建筑产业提质增效。

作为建筑大省和全国建筑产业现代化试点省份，江苏省政府先后出台了《关于加快推进建筑产业现代化促进建筑产业转型升级的意见》《关于促进建筑业改革发展的意见》，在全省范围内大力推进以"标准化设计、工厂化生产、装配化施工、成品化装修、信息化管理、智能化应用"为特征的建筑产业现代化。截至2018年底，全省新开工装配式建筑占新建建筑的比例达到15%，创建住房城乡建设部装配式建筑示范城市3个、产业基地20个，创建省级建筑产业现代化示范城市12个、示范园区4个、示范基地150个、示范工程项目68个，建筑产业发展的新动能正在加快培育，全省范围内骨干企业先行一步、其他企业纷纷跟进的转型升级态势逐步形成。

为推动装配式建筑持续健康发展，江苏省住房和城乡建设厅、江苏省住房和城乡建设厅科技发展中心共同编著了《江苏省装配式建筑发展报告（2018）》，从发展状况、科技进步、产业发展、示范成效等方面系统总结了近年来江苏省推进装配式建筑发展的工作情况和取得的成效，结构清晰、内容丰富、图文并茂、数据详实，具有较强的权威性、专业性和实用性，既有史料文献价值，又有现实指导意义，是管理人员和技术人员必不可少的参考指南。

习近平总书记指出："只有回看走过的路、比较别人的路、远眺前行的路，弄清楚我们从哪儿来、往哪儿去，很多问题才能看得深、把得准。”推进建筑产业现代化还有很长的路要走，不可能一蹴而就。希望这本《江苏省装配式建筑发展报告（2018）》能够成为江苏建筑产业转型发展、创新发展、跨越发展道路上的一个坐标，激励大家坚定信心、稳扎稳打、持之以恒，为城乡建设高质量发展作出应有的贡献。

中国工程院院士

2019 年 4 月

目录

第1章 综合篇

1.1 国内装配式建筑发展概述

我国发展装配式建筑始于20世纪50年代，在苏联建筑工业化影响下，我国建筑行业开始走上预制装配的建筑工业化道路。1956年5月，国务院发布《关于加强和发展建筑工业的决定》，明确提出："为了从根本上改善我国的建筑工业，必须积极地有步骤地实行工厂化、机械化施工，逐步完成对建筑工业的技术改造，逐步完成向建筑工业化的过渡。"在这一阶段，主要通过学习借鉴苏联经验，积极探索采用现场预制的方式，发展工业厂房的预制柱、预制屋面梁、预制吊车梁、预制空心板等构件，推动建筑工业化发展。至20世纪80年代，预制构件的应用得到了长足发展，形成了内浇外挂、预制框架等多种装配式混凝土结构，以及应用预制空心楼板的砌体结构等多种建筑体系。到20世纪90年代初期，因多种原因，建筑工业化发展陷入停滞。进入21世纪，装配式建筑主要以"四新"（新技术、新材料、新设备、新工艺）技术推广应用为主。2010年以后，随着我国经济社会不断发展，建筑产业规模不断扩大，人们对建筑质量、建筑节能环保的要求不断提高，同时人口红利逐步淡出，建筑行业面临必须进行转型升级的局面。从2016年开始，党中央、国务院对发展装配式建筑提出了明确要求，地方政府和企业纷纷响应。至此，我国装配式建筑进入了大发展时期。

如图1.1-1所示，我国装配式建筑的发展历程大致可以分为以下四个阶段：

（1）发展初期

发展初期我国迎来了两次工业高潮。第一次是20世纪50年代，我国提出向苏联学习工业化建设经验，开始在全国建筑行业推行标准化、工业化、机械化、模数化，发展预制构件和预制装配建筑。在预制构件、中小型建筑施工机械、预制装配式工业厂房、砌块建筑等方面取得了一定的进展，特别是预制空心板在全国民用住宅中得到了大量运用（图 1.1-2）。20 世纪 60 ~ 70 年代，我国迎来第二次建筑工业化高潮，各地广泛借鉴国外经验，结合我国国情，进一步改进标准化设计方法，提高构配件生产能力，发展框架轻板等新型建筑体系和新型材料，在施工工艺、建筑设计和建造速度方面都有了一定程度的提高。

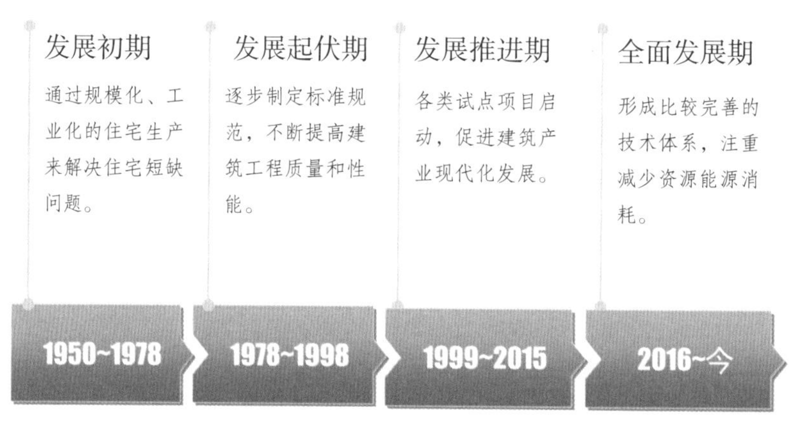

图 1.1-1　我国装配式建筑发展的四个阶段

图 1.1-2　预制空心板和预制板住宅

（2）发展起伏期

从 20 世纪 70 年代到 80 年代中期，预制混凝土构件经历了大发展时期。1978 年我国提出了“三化一改”方针，即：设计标准化、构配件生产与工厂化、施工机械化和墙体改造，出现了大量使用装配式大板的结构形式，但由于当时产品单调、造价偏高和一些关键技术问题未解决，建筑工业化的综合效益并不高。20 世纪 80 年代初期，发展了一系列新型装配式建筑体系，如大板体系、升板体系、预制装配式框架结构体系等，对建筑工业化发展起到了有益的推进作用。到20年代80年代末，全国已有数万家构件厂，预制混凝土构件年产量达到2500万 m^3。20世纪90年代以后，由于受到建筑抗震性能一般、经济发展水平局限以及计划经济向市场经济转轨等因素的影响，我国建筑工业化发展出现了一定程度的停滞。预制构件生产规模持续下降，大量预制构件厂关门转行。除了市政、桥梁、地铁建设外，建筑方面只在管桩和预制看台等方面还能看到预制构件的应用。20世纪90年代中后期，我国启动康居示范工程建设，出台《住宅产业现代化试点工作大纲》。

（3）发展推进期

随着我国改革开放的推进和经济社会的快速发展，以及建筑业技术水平的提高，为加快住宅建设从粗放型向集约型转变，提高住宅质量，促进住宅建设成为新的经济增长点，1999年国务院发布了《关于推进住宅产业现代化提高住宅质量的若干意见》，明确了住宅产业现代化的发展目标、任务、措施等，大力推进了住宅产业化的发展。2001～2005年，我国引进吸收国外相关技术，全面推广试点项目，推动装配式部品发展；于2005年出台《住宅性能评定技术标准》建立住宅性能认定制度。2006～2010年，企业科技研发项目及试点工程全面启动。2010年后，装配式建筑快速发展，《装配式混凝土结构技术规程》于2014年正式颁布实施，各地相继出台政策和地方标准规范，企业积极性高涨。

（4）全面发展期

2015年12月20日，第四次中央城市工作会议明确提出发展建筑产业现代化，2016年2月6日，中共中央、国务院印发《关于进一步加强城市规划建设管理工作的若干意见》，要求大力推广装配式建筑，减少建筑垃圾和扬尘污染，缩短建造工期，提升工程质量，提出力争用10年左右时间，使装配式建筑占新建建筑的比例达到30%。同年9月27日，国务院办公厅印发了《关于大力发展装配式建筑的指导意见》，提出了我国装配式建筑发展的目标、任务和措施，引导行业转型升级。近年来，各级地方政府关于建筑产业现代化的政策也相继出台。总之，从“十二五”开始，装配式建筑呈现快速发展局面，突出表现为以试点城市为代表，纷纷出台了一系列的技术与经济政策，制定了明确的发展规划和目标，涌现了大量骨干企业，建设了一批装配式建筑试点示范项目。

从市场占有率来说，我国装配式建筑市场尚处于发展阶段，短期之内还无法全面替代传统现浇结构。但随着国家和行业陆续制定相关发展目标和方针政策，面对全国各地向建筑产业现代化发展转型升级的迫切需求，我国20多个省区市陆续出台扶持建筑产业现代化发展的政策，推进产业化基地和试点示范工程建设，近年装配式建筑已得到长足发展。国家、行业及地方标准体系逐步完善，也为推动建筑产业转型升级提供了有力支撑。

1.2 江苏省装配式建筑发展概述

建筑产业产业链长、带动力强、贡献度高，是江苏的重要支柱产业和富民安民基础产业。2018 年，江苏省全年实现建筑业总产值 34053.9 亿元，同比增长 8.5%，增幅较 2017 年提高 2.1%（表 1.2-1）；全国建筑业总产值 235085.5 亿元，江苏占比 13.1%（资料来源：国家统计局），产值规模继续保持全国第一。近年来，江苏省委、省政府对建筑产业转型升级给予了高度关注。江苏省被住房城乡建设部确立为首批国家建筑产业现代化试点省份，在建筑产业现代化方面开展了一系列探索和行动，涌现出一批先行先试的集成应用型、设计引领型、部品主导型骨干企业。

2011 ~ 2018 年江苏省建筑业总产值情况表　　表 1.2-1

年份	建筑业总产值（亿元）	同比增长（%）
2011 年	16002.4	23.7
2012 年	19173.3	19.8
2013 年	23182.2	20.9
2014 年	26873.1	15.9
2015 年	28195.3	4.9
2016 年	29517.2	4.7
2017 年	31395.9	6.4
2018 年	34053.9	8.5

2014 年 10 月，江苏省政府出台《关于加快推进建筑产业现代化促进建筑产业转型升级的意见》，明确了江苏推进建筑产业现代化的总体思路，并在后续推进工作中形成了“三个融合”（装配式建筑、绿色建筑、成品住房）、“四个协同”（装配建造、绿色建造、数字建造、智慧建造）、“五个统筹”（全面发展、率先发展、差异化发展、集聚发展、外向发展）的推进特色。同年，江苏省政府办公厅出台了《关于建立全省建筑产业现代化推进工作联席会议制度的通知》，建立了由 15 个省级部门、单位组成的联席会议制度。

2015 年 3 月，江苏省第十二届人民代表大会常务委员会第十五次会议通过的《江苏省绿色建筑发展条例》规定，各级建设主管部门应当会同相关部门建立和完善建筑产业现代化政策、技术体系，推进新型建筑工业化、住宅产业现代化；新建公共租赁住房应当按照成品住房标准建设；鼓励其他住宅建筑按照成品住房标准，采用产业化方式建造。2015 年，省级设立了建筑产业现代化专项引导资金，省住房城乡建设厅与省财政厅联合启动了首批建筑产业现代化示范申报工作，对开展建筑产业现代化示范的城市、基地、项目给予资金支持。

2017 年，省住房城乡建设厅、省发展改革委、省经信委、省环保厅、省质监局印发《关于在新建建筑中加快推广应用预制内外墙板、预制楼梯板、预制楼板的通知》，推动全面应用“三板”，夯实装配式建筑发展的产业基础。

2018 年是江苏省建筑产业现代化从规划阶段转向全面启动的第四年，近几年来，全省建筑产业现代化工作机制基本建立，装配式建筑全面发展的局面初步形成，如图 1.2-1 所示。

1.2.1 政策措施

2014 年 10 月，江苏在全国率先出台《关于加快推进建筑产业现代化促进建筑产业转型升级的意见》，明确了通过试点示范期（2015 ~ 2017 年）、推广发展期（2018 ~ 2020 年）和普及应用期（2021 ~ 2025 年）三个时期推进建筑产业现代化的总体思路；政府引导、市场主导，因地制宜、分类指导，系统构建、联动推进，示范先行、重点突破四项推进原则和十个方面重点工作任务。总的目标是到 2025 年年末，建筑产业现代化建造方式成为主要建造方式，全省建筑产业现代化施工的建筑面积占同期新开工建筑面积的比例达到 50% 以上，科技进步贡献率达到 60% 以上；与 2015 年江苏省平均水平相比，工程建设总体施工周期缩短 1/3 以上，施工机械装备率、建筑业劳动生产率、建筑产业现代化建造方式对全社会降低施工扬尘贡献率分别提高 1 倍。

省住房城乡建设厅高度重视建筑产业现代化工作，截至 2018 年 12 月，出台主要政策文件共 11 个，省级节能减排（建筑产业现代化）专项引导资金相关文件 15 个。2016 年初，印发《江苏省建筑产业现代化发展水平监测评价办法》，明确了 13 个设区市的装配式建筑、成品住房的面积指标。2016 年 4 月，出台《江苏省装配式建筑（混凝土结构）项目招标投标活动的暂行意见》，提出“江苏省全部使用国有资金投资或者国有资金投资占控股或者主导地位的装配式建筑项目（±0.000）以上部分，预制混凝土构件总体积占全部混凝土总体积的比率不小于 30% 的招标人可以采用邀请招标方

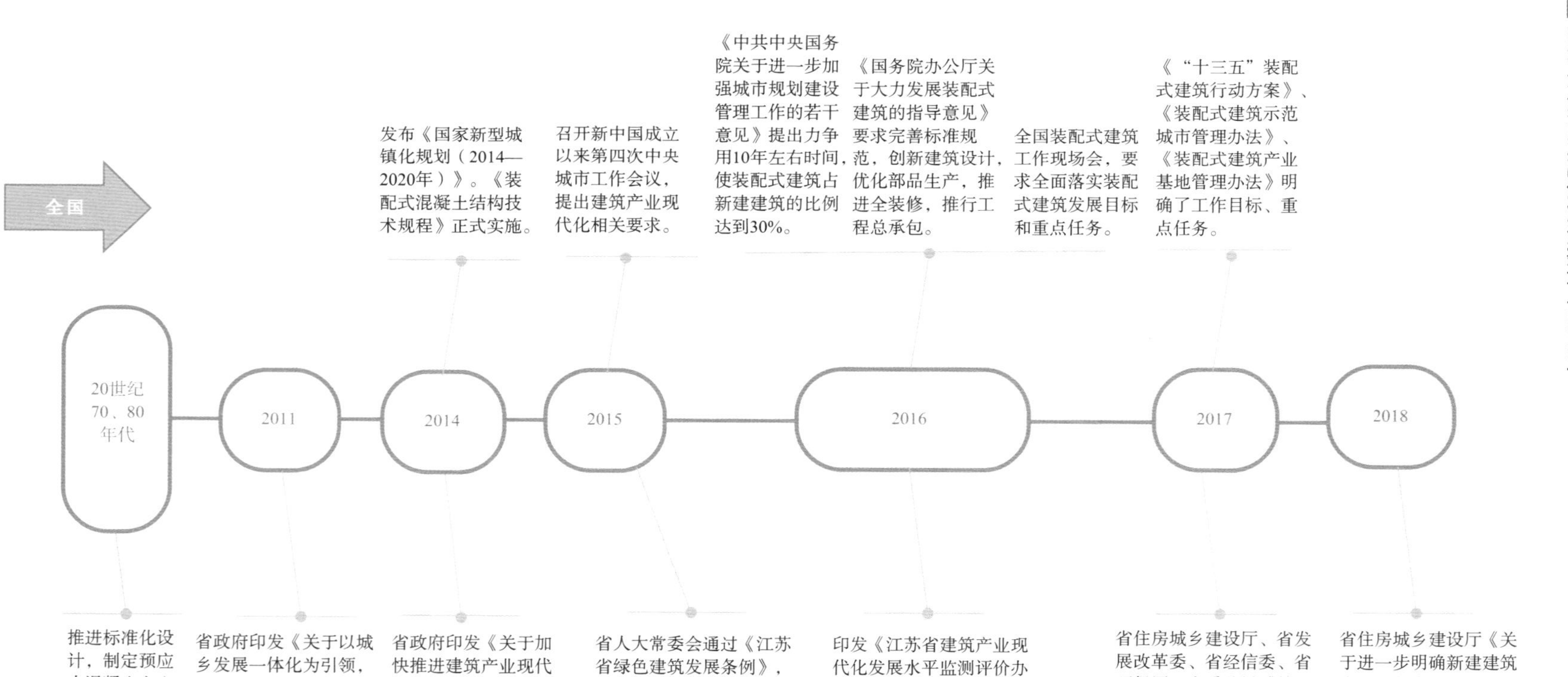

图 1.2-1　全国与江苏省装配式建筑发展历程

式”。2017 年 2 月，出台《关于在新建建筑中加快推广应用预制内外墙板预制楼梯板预制楼板的通知》，要求省级建筑产业现代化示范城市（县、区）自 2017 年 12 月 1 日起，其他城市（县城）自 2018 年 7 月 1 日起，在新建项目中全面推广应用“三板”。

2017 年 11 月，省政府出台《关于促进建筑业改革发展的意见》，要求加快完善装配式建筑技术标准体系、市场推广体系、质量监管体系和监测评价体系；积极推广装配式钢结构建筑和装配式木结构建筑，积极探索农村装配式低层住房建设；政府投资项目率先实现装配式建造，明确通过土地出让的建设项目中装配式建筑比例要求；还要求加快数字建造（BIM）技术应用，加快推进建筑信息模型（BIM）技术在规划、勘察、设计、施工和运营维护全过程的集成应用。

作为首批国家建筑产业现代化试点省份，江苏全力推动建筑产业现代化的各项工作，取得了阶段性成效。13 个设区市均于 2016 年 10 月前出台了落实省政府政策要求的实施意见。大部分设区市在实施意见中规定了明确的激励政策，如：扬州市明确对建筑产业化项目给予 20 元 /m^2 的财政奖励和工程建设配套费的奖励返还等优惠政策；南京市明确了装配式建筑提前获得商品房预售许可的办理流程，制定了容积率奖励政策；苏州市设立了市级财政引导资金（每年 1000 万，试行两年），对建筑产业现代化项目和成品房工业化项目进行奖励。

1.2.2 试点示范

截至 2018 年底，全省共创建省级建筑产业现代化示范城市 12 个、示范基地 150 个、示范工程项目 68 个、示范园区 4 个，省级财政资金列支 6.002 亿元，见表 1.2-2 及图 1.2-2。

2015 年确立了 6 个示范城市、29 个示范基地、18 个示范工程项目（总建筑面积达 277.36 万 m^2）和 3 个人才实训项目。财政支持共计 2.664 亿元。

2016 年确立了 4 个示范城市、39 个示范基地、8 个示范工程项目（总建筑面积达 64.45 万 m^2）和 5 个人才实训项目。财政支持共计 1.94 亿元。

2017 年确立了 2 个示范城市、33 个示范基地、14 个示范工程项目（总建筑面积达 153.03 万 m^2）和 2 个人才实训项目。财政支持共计 1.238 亿元。

2018 年确立了 28 个示范工程项目，财政支持共计 1600 万元；另外明确了 49 个示范基地和 4 个示范园区。

2017 年，向住房城乡建设部推荐的 3 个装配式建筑示范城市和 20 个产业基地全部通过复核认定，数量占全国十分之一左右。同时，对照《江苏省“十三五”建筑产业现代化发展规划》，提前 3 年完成全国装配式建筑示范城市和产业基地创建目标。

2015～2018 年江苏省级专项引导资金补助整体情况表　　表 1.2-2

省财政补助经费			
项目类型	支持数量	补助标准	补助金额（万元）
示范城市	12	设区市不超过 5000 万元 / 个，县（市、区）不超过 3000 万元 / 个	48000
示范基地	150	不超过 100 万元 / 个	5800
示范工程项目	68	不超过 250 万元 / 个	4580
人才实训项目	10	1000 元 / 人	1640
总计			60020

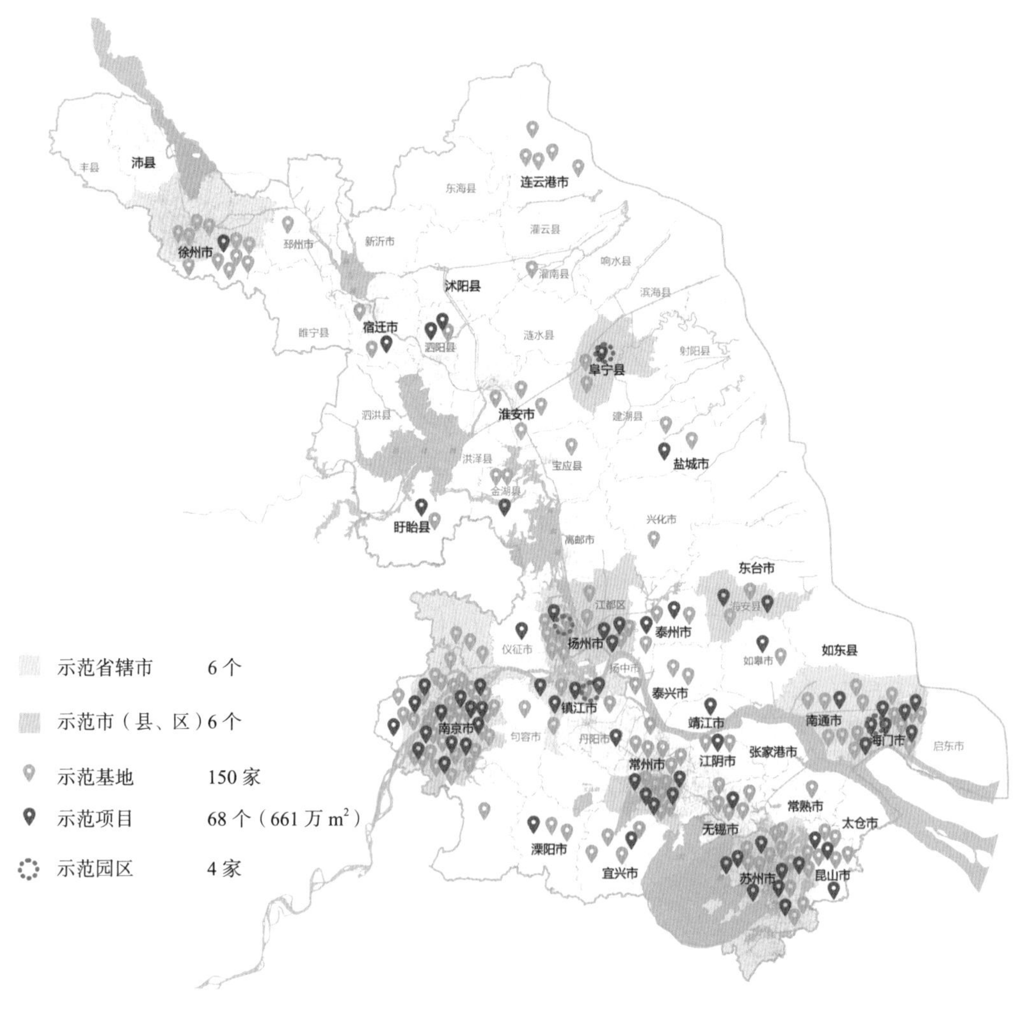

图 1.2-2　江苏省建筑产业现代化示范分布图

1.2.3 推进成效

（1）技术体系研发和设计、生产

近年来，全省设计、开发、施工、部品生产等领域骨干企业积极探索，不断实践，取得一定成果，推动了江苏建筑产业现代化发展。一是初步形成装配式建筑设计能力。如南京长江都市建筑设计股份有限公司、江苏筑森建筑设计股份有限公司在装配式混凝土结构方面的设计实践，启迪设计集团股份有限公司、中衡设计集团股份有限公司在装配式钢结构方面的设计实践，南京工业大学在现代木结构方面的设计实践等。二是初步形成了各具特色的工业化技术体系。如中南集团的预制装配整体式混凝土剪力墙结构体系（NPC 技术体系）；南京大地的预制预应力混凝土装配整体式框架结构体系（世构 SCOPE 体系）；龙信集团的预制装配整体式框架 - 剪力墙结构体系；威信广厦的模块建筑体系（Vision）；江苏元大的双板叠合预制装配整体式剪力墙体系等。三是工业化部品生产具有一定规模。涌现了一批整体卫浴、单元式幕墙、标准化窗和附框、整体橱柜、预制式内外墙板、一体化装修等部品生产企业，一些新产品如“集装箱建筑”还远销海外。四是技术标准体系不断完善。省内相关单位在多年实践的基础上，积极制定地方标准和企业标准，广泛参与编制多部建筑产业现代化国家标准和行业标准，为推进建筑产业现代化提供了有力支撑。

（2）项目落地

根据全省建筑产业现代化信息管理平台的数据统计，江苏省 2018 年建设用地中明确的装配式建筑项目面积达 3457 万 m^2，当年全省任务指标为 3000 万 m^2，全省任务完成比例达 115.2%，超额完成了任务，见表 1.2-3。其中，南京市建设用地中明确的装配式建筑项目面积为 577 万 m^2，装配式建筑比例达 100%，各装配式建筑项目预制装配率为 40% ~ 50%，建设用地中明确的装配式建筑项目面积占全省的 16.7%；苏州市建设用地中明确的装配式建筑项目面积达 1169 万 m^2，任务完成比例达 190%，占全省任务完成面积的近 1/3；淮安市连续 2017 ~ 2018 两年超额完成任务，2018 年任务完成比例近 300%。

2018 年全省新开工装配式建筑项目面积达 2079 万 m^2，当年全省任务指标为 2066 万 m^2，完成任务指标，见表 1.2-3。按照地域分布，苏南、苏中、苏北分别占全省新开工装配式建筑面积的 60.41%、18.90%、20.69%。

各设区市装配式建筑和成品住房任务完成情况表　　表 1.2-3

（截至 2018 年 12 月 31 日）

面积单位：万 m^2

地区	装配式建筑						成品住房			
	建设用地中明确的装配式建筑项目面积任务指标	已完成面积	新开工装配式建筑项目面积任务指标	已完成面积	新开工装配式建筑比例指标	已达到比例	年度竣工的成品住房面积任务指标	已完成面积	成品住房比例指标	已达到比例
南京	516	577	405	336	20%	17%	322	4	40%	0%
无锡	222	237	167	204	15%	18%	259	182	30%	21%
徐州	304	7	203	272	16%	21%	133	0	30%	0%
常州	186	471	140	236	15%	25%	149	20	30%	4%
苏州	616	1169	410	448	16%	17%	442	374	30%	25%
南通	283	109	189	318	16%	27%	243	18	30%	2%
连云港	88	5	55	4	10%	1%	28	10	20%	7%
淮安	96	287	60	110	10%	18%	53	56	20%	21%
盐城	138	54	86	31	10%	4%	104	16	20%	3%
扬州	237	162	158	72	16%	7%	140	52	30%	11%
镇江	146	274	97	32	16%	5%	82	166	30%	61%
泰州	97	68	60	3	10%	1%	70	47	25%	17%
宿迁	72	38	36	13	8%	3%	51	42	20%	17%
全省	3000	3457	2066	2079	15%	15%	2076	987	30%	14%

说明：1. 表中面积值为预期性指标，比例值为约束性指标。
2. 新开工装配式建筑比例值、成品住房比例值分别以各地 2017 年新开工项目面积、各地 2017 年住宅竣工面积为基数计算。
3. 表中已完成面积、已达到比例均为管理信息平台统计数据。

（3）全面应用预制“三板”

为稳步推进装配式建筑发展，2017 年 2 月，省住房城乡建设厅、省发展改革委、省经信委、省环保厅、省质监局联合发布《关于在新建建筑中加快推广应用预制内外墙板预制楼梯板预制楼板的通知》，江苏成为全国第一个针对预制“三板”出台推广应用政策的省份。通知要求，省级建筑产业现代化示范城市（县、区）自 2017 年 12 月 1 日起，其他城市（县城）自 2018 年 7 月 1 日起，在新建项目中推广应用预制“三板”。2018 年 1 月 12 日，省住房城乡建设厅发布《关于进一步明确新建建筑应用预制内外墙板预制楼梯板预制楼板相关要求的通知》，明确了预制“三板”应用比例的计算方法和施工图文件审查要求。

随着推广应用预制“三板”政策的出台，省住房城乡建设厅科技发展中心组织专业力量，相继开展了“江苏省混凝土预制内外墙板、预制楼梯板、预制叠合楼板应用现状与发展研究”和“江苏省混凝土预制内外墙板、预制楼梯板、预制叠合楼板产能和布局分析预测研究”两项专项课题研究。

两个课题分别从设计施工技术、综合效益、政策监管分析和供需关系、产能布局、发展预测分析的角度，采用广泛调研和大数据分析相结合的方法，理清了全省混凝土预制“三板”构件生产行业现状，提出了技术解决方案和制度应对机制；借助多元线性回归分析模型、TPB 理论、GIS 技术等深入的科学分析方法，绘制了全省预制“三板”供需比和预测图，从政策、市场、技术等方面提出了平衡全省预制“三板”供需的建议，为技术发展、政策制定和产业投资提供了支撑。

混凝土预制“三板”构件设计产能由各构件厂模台数量、流水线条数、养护室容量和产品堆场面积总和决定，是构件厂生产能力的理论最大值。表 1.2-4 是我省各设区市 2016 年到 2018 年设计产能汇总，以及已经规划建设且预期到 2019 年投产的计划产能统计数据。

2016 ~ 2018 年全省混凝土预制“三板”构件设计产能统计表（万 m^3） 表 1.2-4

地区	2016 年产能	2017 年产能	2018 年产能	2019 年计划产能
南京	30.0	110.0	140.0	165
无锡	30.0	42.0	50.0	65.0
徐州	19.0	65.0	93.0	128.0
常州	20.0	56.0	102.0	129.0
苏州	25.0	55.0	103.0	139.0
南通	10.0	36.0	85.0	112.5
连云港	15.0	30.0	35.0	33.0
淮安	10.0	15.0	55.0	66.0
盐城	20.0	45.0	67.0	97.0
扬州	0.0	62.0	92.0	107.0
镇江	20.0	35.0	35.0	40.0
泰州	22.0	22.0	49.0	73.0
宿迁	20.0	20.0	40.0	40.0
合计	241.0	593.0	946.0	1269.0

根据表 1.2-4 得到江苏省各设区市产能柱状图（图 1.2-3）。

按传统的苏南、苏中和苏北的地区划分对各设区市设计产能进行汇总，用饼状图表示成图 1.2-4。从地域上看，苏北和苏南的产能相差不大，苏中产能较小，不到苏南的一半，但是考虑到苏中只有泰州、扬州和南通三个市，而苏南和苏北各有五个市，所以三个区域的生产能力在地理分布密度上差别不大，但三个划分区域内部存在产能的不均匀现象。

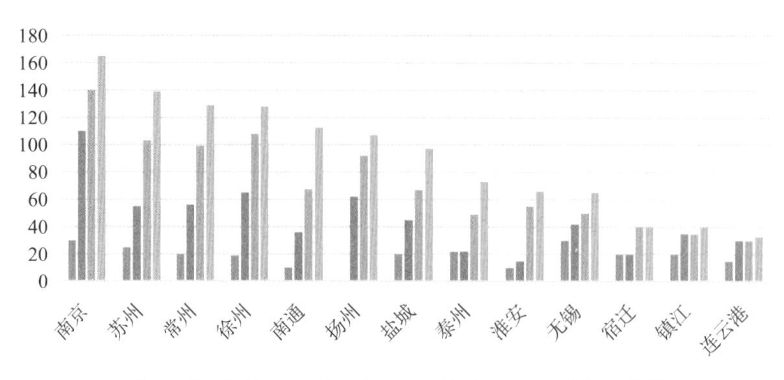

图 1.2-3　各设区市混凝土预制“三板”构件产能图（万 m^3）

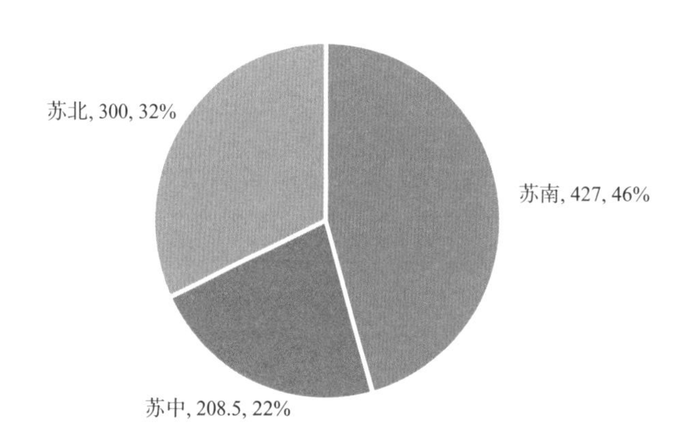

图 1.2-4　苏南、苏中、苏北混凝土预制“三板”构件设计产能和占比（万 m^3，%）

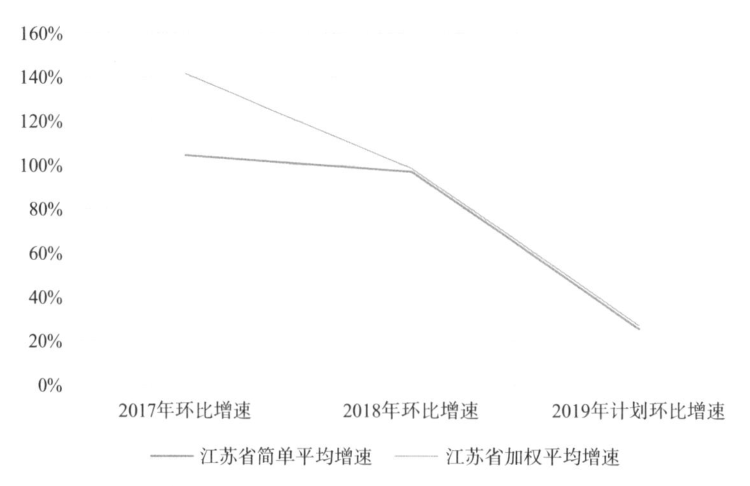

图 1.2-5　全省混凝土预制“三板”构件设计产能增速变化趋势图

自2017年往后，全省设计产能平均增速呈不断下降趋势，2019年的环比增速回落到26%左右，预计到2020年以后，增速将稳定在低于25%的位置，且增速的简单平均和加权平均值之间的差距非常小（图1.2-5），说明自2018年下半年全省全面应用预制“三板”后，江苏省各设区市在混凝土预制“三板”行业的发展和政策落实上步调趋于一致，江苏全省范围的预制“三板”行业进入协调发展期。

实际产能是企业在一定时期实际生产和销售的产品总量。实际产能一般低于设计产能，两者之间的比值为产能利用率。经对部分示范基地的不完全统计，过去三年来各设区市的部分示范基地实际产能都有着较大幅度的提升，预制“三板”市场正逐渐培育形成。

推广应用预制“三板”起步阶段，预制“三板”产能利用率相对偏低，其原因主要有三个方面：

1）构件厂一般投产时间不长，市场开拓还需要时间。大部分的构件厂都是在2017年底到2018年底这段时间集中建设投产的，工厂生产工人培训、机器调试、质量管控、外购原料等都需要一定时间才能达到生产要求，市场销售更是短时间内无法达到预期目标。同时，工厂的设计产能是根据工厂占地面积基本一次或分期建成。

2）构件厂的实际产能受到来自工厂外界因素的影响。预制“三板”构件体积大，重量大，无法进行多次搬运和储存，只能在工厂和工地之间单线输送。这就导致工地的进度与工厂实际生产进度间互相制约。本来工地的进度就赶不上工厂的自动化生产进度，再加上工地受多种因素的影响，工期经常拖延，工厂的实际产能必然会大大低于设计产能，导致产能利用率偏低。

3）预制“三板”的标准化程度低。由于全省还没有出台关于预制“三板”标准化的配套政策，行业的标准化还处在市场自发阶段。低标准化给构件生产企业的生产带来挑战，生产成本增加，经常设计、定制和更换模具，生产节奏变慢，实际产能随之下降。

实际产能是有效需求的表现，而有效需求由各市建筑总规模和预制“三板”应用率共同决定，其中，建筑规模受经济发展水平的影响，预制“三板”应用率则主要由各地政策落实力度决定。所以实际产能在一定程度上反映了各地预制“三板”政策的落实力度。随着推广应用力度不断加大，各市的实际产能均呈逐年递增趋势（图1.2-6）。

2017年南京、无锡、苏州和镇江四市的产能利用率高于30%，其余各市均低于20%。2018年南京、无锡、常州和镇江的产能利用率均超过60%，其中镇江高达80%；苏州、淮安、盐城、扬州和泰州处于20%～40%之间。

实践表明，预制“三板”的推广应用给建筑业带来深刻影响，省级示范城市比非示范城市在预制“三板”应用上成效更为显著，直接促进了装配式建筑的发展和建筑

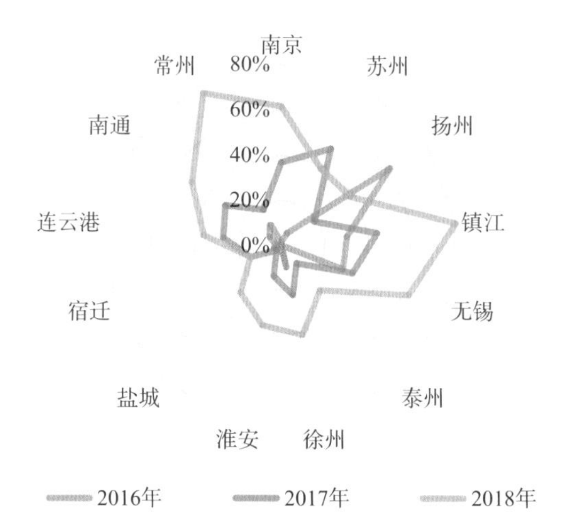

图 1.2-6　各设区市混凝土预制“三板”构件产能利用率 2016 ~ 2018 年变化图

产业转型升级。同时，预制“三板”产能目前尚未得到充分发挥，产能建设和布局存在地区不均现象。预测到 2020 年，江苏省混凝土预制“三板”构件整体处于供需基本平衡的状态（供需比为 102.16%），同时，供大于求或供不应求的情况在全省各地都会阶段性、区域化地存在，见图 1.2-7。

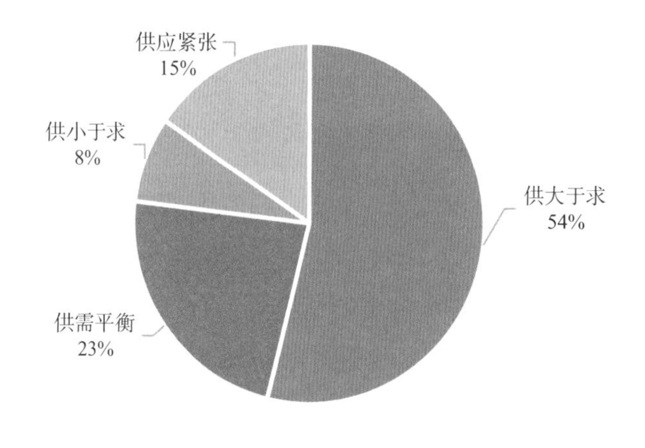

图 1.2-7　各设区市 2020 年混凝土预制“三板”构件供需关系和占比预测图

从产能供需在各设区市内部的分布上来看，南京市、徐州市、常州市、连云港市、淮安市、盐城市、扬州市预计供大于求（供需比大于 1）；苏州市、南通市、镇江市预计可达供需平衡（供需比介于 0.8 到 1.0 之间）；泰州市预计供不应求（供需比介于 0.6 到 0.8 之间）；无锡市和宿迁市预计出现较大供给缺口（供需比小于 0.6）。

针对以上情况，研究提出了保需求、定标准、降成本、加激励、育产业等建议。

1）工作建议

① 保需求。需求是市场的标志，是行业存在和发展的必要前提，特别是在一个行业发展的初期，需求的稳定并不断扩张是至关重要的。所以各级政府应保持政策的稳定和连续性，不断完善政策的落地措施，通过用地政策和全过程监管作为保需求的重要抓手和必须环节，保证预制“三板”需求的稳定和扩张。

② 定标准。预制“三板”设计方法、构造措施、质量标准、运输和检验验收等方面的标准，以及标准化设计和标准化构件通用标准急需完善，同时应建立健全部品生产企业生产标准和审查制度，以此促进行业的技术进步和创新。

③ 降成本。依照区域一体化和协同发展的原则，合理规划构件厂建设所需的土地供应量和位置。改革现行预制构件的征税制度，降低税收比例，对购买建筑工业化住宅的消费者给予一定的税收优惠。充分挖掘现有企业潜力，提高产能利用率。改进预制“三板”交易程序，完善产业链。

④ 加激励。通过财政支持政策提高企业积极性，奖励建筑面积弥补预制“三板”应用的增量成本，从而极大地调动开发企业的积极性，降低预制“三板”应用阻力。

⑤ 育产业。提高产业的规模和技术，制定长期的预制“三板”应用目标，从而引导行业发展预期，激发行业技术进步，扩大产能建设等。产业规模扩大的同时，在行业运行方式上进行优化，扶持和培育大型的预制“三板”运输、存储和安装的中间服务企业，完善预制“三板”产业链，提高供应链的集成度和效率，发挥预制“三板”应用的最大效能。

2）机制建议

① 政策推动机制。从预制“三板”推广应用全过程的角度完善现有监管政策体系，加快出台预制“三板”应用的标准化设计政策，出台外墙板应用的引导性政策，研究出台《建筑预制构件采购合同示范文本》。

② 市场动力机制。构建标准化构件集中采购平台，成立专业的中间服务中心，整合现有行业组织，成立预制“三板”行业协会，严格市场监督，打击不正当竞争和不按图施工行为，引导市场合理布局。

1.2.4 交流培训

（1）技术培训

据统计，2016年省住房城乡建设厅科技发展中心全年完成5014人次参加的专业技术技能人才实训、847 人次参加的高级经营管理人才实训和 500 多人次参加的装配式建筑技术标准专项培训。2017 年 6 月，省住房城乡建设厅联合东南大学开展 70 多人次参加的省内各市县建筑产业化工作联络员高级研修班培训。2017 年 12 月，省住房城乡建设厅科技发展中心在南京举办 400 余人次参加的预制“三板”推广应用技术培训交流会。2018 年 2 月，省建筑产业现代化创新联盟在常州市武进区召开了 400 余人次参加的技术交流会。2018 年 6 月，省建筑产业现代化创新联盟在南京市召开了 50 余人次参加的“钢筋套筒灌浆技术与质量控制座谈研讨会”。2018 年 11 月，省住房城乡建设厅科技发展中心联合省建设工程质量监督总站开展了 200 余人次参加的全省装配式建筑工程质量检测培训。

（2）交流宣传

省住房城乡建设厅科技发展中心联合相关单位分别于 2016 年举办了“第九届江苏省绿色建筑发展大会建筑产业现代化分议题”等学术交流会议，2017 年举办了“第十届江苏省绿色建筑发展大会建筑产业现代化分议题”“第十六届中国国际住博会江苏综合展区”等交流活动，2018 年举办了“第十一届江苏省绿色建筑发展大会—装配式建筑高质量发展专题”。2018 年，省建筑产业现代化创新联盟举办了“东南大学装配式建筑创新技术及成果发布会”“信息化推动建筑产业现代化高峰论坛”“江苏省建筑产业现代化创新联盟 2018 年会暨经验技术交流会”等活动。

第 2 章 科技篇

装配式建筑发展离不开科技创新。近年来，江苏省内各高校、企业等不断攻坚克难，形成了一系列涵盖装配式建筑设计、生产、施工、装修等环节的科研成果，装配式建筑技术体系不断完善，关键技术取得突破，一系列装配式建筑标准发布实施，为装配式建筑发展提供了坚实基础。

2.1 科研攻关

随着全省装配式建筑工作的全面推进，江苏省内各高校、科研单位、设计院所、生产企业等机构发挥各自优势，围绕装配式建筑设计、生产、施工、检测、质监等环节开展了大量的科研工作，取得了丰硕的成果。

2.1.1 科研项目

限于篇幅，本书难以将所有研究的内容及成果展现，现将 2015 ~ 2018 年期间省住房城乡建设厅立项的主要项目列出，见表 2.1-1 ~ 表 2.1-4。

2015 年装配式建筑科研项目　　表 2.1-1

项目类型	项目名称	主要承担单位
建筑产业现代化科技支撑项目	江苏省建筑产业现代化技术发展导则	东南大学
	预制混凝土夹芯保温外墙板研究与示范	
	高强钢筋应用于预制混凝土结构的关键技术研究	

续表

项目类型		项目名称	主要承担单位
建筑产业现代化科技支撑项目		损伤可控型预制装配式混凝土结构连接构造技术及结构整体性能研究	江南大学
		工业化木结构建筑体系设计、建造与检测关键技术研究	南京工业大学
		多功能一体化预制木质墙板研究与示范	
		建筑产业现代化科技支撑体系研究	江苏省住房和城乡建设厅科技发展中心
		江苏省建筑产业现代化标准体系研究	江苏省工程建设标准站
		装配式混凝土结构构件及工程质量检测关键技术研究	江苏省建筑工程质量检测中心有限公司、南京大地建设集团有限责任公司
		结构自保温防水装饰一体化预制大型墙板关键技术与应用研究	江苏省建筑科学研究院有限公司
		BIM 设计协同工作平台研究与开发	江苏省邮电规划设计院
		工业化建筑项目单体的预制率、装配率计算标准研究	南京长江都市建筑设计股份有限公司
		江苏省装配式钢筋混凝土住宅设计标准研究	
		钢筋混凝土预制装配式住宅楼梯标准化研究	
		整体式住宅厨房、卫生间标准化研究	
		养老建筑模块产业化设计标准研究	苏州设计研究院股份有限公司
		新型 3D 节能环保模块建筑技术的研发	威信广厦模块住宅工业有限公司
		预制混凝土外墙挂板成套技术研究	龙信建设集团有限公司
		混凝土叠合式楼盖装配式建筑图集	江苏中南建筑产业集团有限责任公司
		装配式混凝土结构保温装饰一体化预制外墙板技术创新研究	
		高性能混凝土在装配式建筑中的应用	阿博建材（昆山）有限公司
省建设系统科技项目	计划项目	建筑产业现代化对工程设计行业的影响研究	南京长江都市建筑设计股份有限公司
	指导项目	老旧建筑物阳台整体托换的装配式框架体系成套技术研发	江苏省苏科建设技术发展有限公司
		预制预应力桁架式钢骨混凝土箱形连续梁桥的设计理论和施工工艺研究	扬州大学、扬州市市政设施管理处
		预制混凝土结构灌浆连接技术研究及产业化研究	淮阴工学院、江苏竣邺建设有限公司
		装配整体式 PC 主次梁榫式栓节点力学性能研究	江苏建筑职业技术学院
		基于 BIM 和物联网技术的装配式框架结构智慧建造技术研究	东南大学、江苏省建筑节能工程技术研究中心、南京帝奥数码设计有限公司
		建筑产业现代化对工程设计行业的影响研究	江苏镇江建筑科学研究院集团有限公司

2016 年装配式建筑科研项目 **表 2.1-2**

项目类型	项目名称	主要承担单位
建筑产业现代化科技支撑项目	新型装配式轻钢龙骨复合剪力墙结构体系设计与建造关键技术研究	东南大学

续表

项目类型		项目名称	主要承担单位
建筑产业现代化科技支撑项目		免烧高比强轻骨料在保温与结构混凝土及特殊应用中的关键技术与示范	东南大学、南京建工集团有限公司
		装配式建筑构件节点连接与防水关键技术研究	江苏丰彩新型建材有限公司
		装配式建筑工程质量验收规程	江苏省建设工程质量监督总站
		城市轨道交通装配式地下车站设计及施工关键技术研究	江苏省建筑工程质量检测中心有限公司
		装配式建筑中门窗墙体一体化应用关键技术研究	江苏省建筑科学研究院有限公司
		江苏省混凝土预制内外墙板、预制楼梯板、预制叠合楼板应用现状与发展研究	江苏省住房和城乡建设厅科技发展中心
		建筑产业现代化中高强钢筋集中加工配送技术研究及工程示范	江苏省住房和城乡建设厅科技发展中心
		江苏省《成品住房装修技术标准》修订研究	江苏省住房和城乡建设厅住宅与房地产业促进中心
		预制装配技术提升既有建筑抗震性能的研究与示范	金陵科技学院
		适于工业化木建筑的多功能性木基石膏墙板研究	南京工业大学
		绿色高性能微珠泡沫夹芯复合材料围护结构研发	南京工业大学
		预制装配式木 - 混凝土组合楼面体系关键技术研究	南京工业大学
		低多层钢结构模块化住宅结构体系抗震性能研究	中国矿业大学
		钢结构全装配式梁板一体化楼承板关键技术研究	江苏建筑职业技术学院
		高性能混凝土应用于建筑产业现代化中的关键技术研究	江苏苏博特新材料股份有限公司
		预制装配地下连续墙在深大基坑工程中的应用研究	江苏鸿基节能新技术股份有限公司、东南大学
		预制预应力混凝土装配整体式框架结构拓展研究	南京大地建设集团有限责任公司
		善围装配式集成建筑技术研究示范	南京善围建筑科技有限公司
		装配式高层混凝土框架结构减震技术研究	南京长江都市建筑设计股份有限公司
		夏热冬冷地区装配式与被动式低能耗技术集成研究	南京长江都市建筑设计股份有限公司
		装配整体式混凝土剪力墙结构技术规程	江苏中南建筑产业集团有限责任公司
		半刚性连接木结构体系标准化技术研究	苏州设计研究院股份有限公司、苏州昆仑绿建木结构科技股份有限公司
		钢结构住宅新结构体系研究	中衡设计集团股份有限公司
		异形束柱装配式钢结构住宅体系技术规程	中衡设计集团股份有限公司
		地下管廊预制及施工技术研究	江苏金贸建设集团有限公司、江苏金贸科技发展有限公司
省建设系统科技项目	计划项目	基于BIM的建筑工业化全寿命周期工程质量控制研究	江苏省建设工程质量监督总站
		装配式结构工程施工监理规程研究	江苏省建设监理协会
	指导项目	竹木预制墙体技术在建筑产业化中的集成研究	江苏省建筑科学研究院有限公司
		装配整体式混凝土结构的钢筋灌浆套筒连接技术研究	淮海工学院

续表

项目类型		项目名称	主要承担单位
省建设系统科技项目	指导项目	自复位装配式部分型钢混凝土框架抗震性能研究	淮海工学院、连云港市城乡建设局
		建筑产业化装配式结构连接关键技术研究	江苏建筑职业技术学院、江苏鑫鹏钢结构工程有限公司
		建筑工业化PC构件生产及其施工技术的研究	江苏建筑职业技术学院、龙信建设集团有限公司
		永久混凝土保温复合模板技术研究	盐城工学院、盐城市建筑设计院有限公司
		绿色工业化住宅结构与保温一体化关键技术研究及应用	江苏建筑职业技术学院、龙信建设集团有限公司
		基于物联网的装配式建筑绿色施工监控技术与评价系统应用研究	南京天诚创元建筑科技有限公司、南京水利科学研究院、河北建设集团有限公司

2017年装配式建筑科研项目　　表2.1-3

项目类型		项目名称	主要承担单位
省建设系统科技项目	指导项目	一种新型装配式泡沫混凝土密肋复合墙板关键技术研究	江苏建筑职业技术学院
		预制墙体生产线的研究与应用	江苏建筑职业技术学院
		基于BIM的预制装配式住宅施工过程管理及成本控制应用研究	江苏建筑职业技术学院
		铝模板在大型公共建筑项目上的应用研究	江苏城乡建设职业学院
		装配式混凝土结构连接节点质量缺陷的影响研究	江苏建筑职业技术学院、徐州工润建筑科技有限公司
		低层装配式混凝土房屋	江苏万融工程科技有限公司
		新型双面叠合剪力墙结构关键技术研究及应用	启迪设计集团股份有限公司
		预应力节段预制拼装桥墩抗震性能及设计方法	淮海工学院
		面向装配式建筑建设全流程的综合信息管理平台架构研究	东南大学、东南大学BIM技术研究所、东南大学建筑设计研究院有限公司
		新型装配式铝合金薄壁束柱组合剪力墙结构关键技术与抗震性能研究	南京工业大学
		装配式建筑高强高韧性钢筋套筒灌浆料性能研究	宿迁学院
		装配式混凝土结构关键检测技术研究	东南大学
		套筒灌浆料的研制及在装配式建筑工程中的应用研究	镇江建科建设科技有限公司
		装配式建筑用免蒸养混凝土材料的产业化性能研究与应用	江苏镇江建筑科学研究院集团股份有限公司
		复杂条件下装配式地下结构体系研究与应用	苏交科集团股份有限公司
		江苏寒冷地区钢结构装配式低多层住宅户型设计研究	南京工业大学
		常州市装配式住宅建筑“预制三板”设计导则	常州市城乡建设局
		基于新型村镇装配式空心保温墙板的隔震技术研究	常州工程职业技术学院
		装配式钢混组合结构体系技术研发与应用	无锡同济钢构项目管理有限公司
		装配式施工技术在市政工程项目中的应用	南京市市政管理处

续表

项目类型		项目名称	主要承担单位
省建设系统科技项目	指导项目	装配式建筑套筒灌浆施工质量无损检测技术及应用研究	南京建工集团有限公司
		灌浆套筒连接的双层预制钢管混凝土排柱剪力墙抗震性能试验研究	常州工程职业技术学院

2018年装配式建筑科研项目　　表2.1-4

项目类型		项目名称	主要承担单位
省建设系统科技项目	计划项目	装配式建筑质量安全监督系统研发	苏州市建设工程质量安全监督站
		装配式建筑接缝用绿色环保密封防水新材料关键技术研究	徐州工程学院
		装配式混凝土预制部品部件生产质量控制与检验关键问题研究	江苏省建筑工程质量检测中心有限公司
	指导项目	建筑产业现代化背景下建筑工人技能提升研究	江苏建筑职业技术学院
		大型装配式建筑外围护结构风压荷载及气密性能检测技术研究	江苏省建筑工程质量检测中心有限公司
		预制装配式建筑结构隔减震设计关键技术研究	江苏科技大学
		装配式框架结构住宅围护保温一体化复合外墙体系研究	连云港市建设工程质量监督站
		装配式框架结构住宅围护保温一体化复合外墙体系研究	江苏科技大学
		装配式框架结构住宅围护保温一体化复合外墙体系研究	江苏和天下节能科技股份有限公司、扬州大学
		装配式轻型住宅集成建筑体系研究	江苏建筑职业技术学院
		适宜文旅产业的复合材料装配式房屋研究	扬州市建筑设计研究院有限公司
		工业化多高层木-混凝土混合结构体系关键技术研究	南京工业大学
		新农村木结构建筑及农用设施结构体系研究	扬州工业职业技术学院
		服役期装配式混凝土结构典型连接节点抗震安全性评估的关键技术研究	南京理工大学
		预制装配式框架结构连接节点破坏机理及施工技术研究	江苏建筑职业技术学院
		装配式建筑全过程质量管理体系研究	江苏开放大学
		装配式建筑全过程质量管理体系研究	中国建筑第五工程局有限公司
		装配式高层混凝土住宅全过程质量管理体系研究	江苏建筑职业技术学院
		装配式混凝土建筑全生命周期成本测算及技术体系优化研究	江苏建筑职业技术学院
		新型装配式组合框架新结构抗震性能研究	东南大学
		预制H型钢蜂窝梁-煤矸石自密实混凝土一体化组合板开发研究	江苏建筑职业技术学院

续表

项目类型		项目名称	主要承担单位
省建设系统科技项目	指导项目	大跨度预制预应力夹心叠合楼板设计制作与双向受力研究	东南大学
		全预应力预制混凝土框架结构抗震性能及设计方法	常州工学院
		既有建筑预制装配式加固方法与关键技术	苏州科技大学
		装配式钢结构住宅体系分析、设计及施工一体化关键技术研究与应用	中亿丰建设集团股份有限公司
		装配化建筑智能安装设备——液压式墙、柱竖立小车	南通承悦装饰集团有限公司
		轻钢复合混凝土装饰一体化预制外挂墙体体系	南通达海澄筑建筑科技有限公司
		新型钢套筒灌浆技术	江苏建筑职业技术学院
		现代木结构新连接技术的研发与工程应用	扬州工业职业技术学院
		装配式建筑外围护系统防水技术与质量控制研究	常州市建筑科学研究院集团股份有限公司
		装配式建筑配套部品部件全装配施工技术	江苏鲁匠装饰工程有限公司
		采用 X 射线法检测装配式建筑竖向构件连接节点质量检测方法研究	江苏方建质量鉴定检测有限公司
		采用 X 射线法检测装配式建筑竖向构件连接节点质量检测方法研究	江苏省建筑工程质量检测中心有限公司
		采用 X 射线法检测装配式建筑竖向构件连接节点质量检测方法研究	扬州大学
		装配式建筑竖向构件连接节点检测技术研究	吴江市建设工程质量检测中心有限公司
		基于 BIM 技术的装配式钢结构设计关键技术研究与应用	江苏城乡建设职业学院
		基于 BIM 技术的装配式建筑施工组织与协同管理机制研究	淮阴工学院
		BIM 在装配整体式混凝土建筑建造周期内的全过程应用	连云港职业技术学院
		BIM 在装配整体式混凝土建筑建造周期内的全过程应用	江苏建筑职业技术学院
		BIM 在装配整体式混凝土建筑建造周期内的全过程应用	江苏永泰建造工程有限公司
		BIM 在装配整体式混凝土建筑建造周期内的全过程应用	苏州科技大学
		次轻混凝土预应力叠合梁受弯正截面承载力研究	扬州大学
		带水拼缝预制装配式混凝土剪力墙抗震性能关键技术应用研究	南通开发大学
		基于装配式建筑的固体废弃物资源化利用的墙体保温抗裂与修缮改造关键技术研究	淮阴工学院
		建筑产业现代化园区规划建设与管理指南研究	江苏省住房和城乡建设厅住宅与房地产业促进中心
		江苏省预制内外墙板、预制楼梯板、预制楼板产能和布局分析与预测	江苏省住房和城乡建设厅科技发展中心

续表

项目类型		项目名称	主要承担单位
省建设系统科技项目	指导项目	南通市基于BIM的装配式建筑智慧监管平台	智聚装配式绿色建筑创新中心南通有限公司
		田园乡村建设新型工业化房屋体系研究	东南大学建筑设计研究院有限公司
		一种新型装配式建筑结构保温板关键技术研究	江苏建筑职业技术学院
		住宅装配化装修技术规程研究	江苏省住房和城乡建设厅住宅与房地产业促进中心
		装配式保温隔声一体化叠合楼盖关键技术研究与示范应用	南京旭建新型建材股份有限公司
		装配式建筑产业信息服务平台建设与应用研究	江苏省住房和城乡建设厅住宅与房地产业促进中心
		装配式建筑构件标准化率定量方法及其应用研究	东南大学、东南大学BIM技术研究所
		江苏省装配式建筑质量安全管理办法研究	江苏省住房和城乡建设厅科技发展中心
		面向装配式建筑的新型工程质量管理模式研究	江苏省住房和城乡建设厅科技发展中心
		装配式建筑质量安全监督系统研发	江苏城乡建设职业学院
		装配式建筑接缝用绿色环保密封防水新材料关键技术研究	江苏镇江建筑科学研究院集团股份有限公司
		装配式建筑接缝用绿色环保密封防水新材料关键技术研究	江阴正邦化学品有限公司
		装配式混凝土预制部品部件生产质量控制与检验关键问题研究	常州中铁城建构件有限公司
		装配式混凝土预制部品部件生产质量控制与检验关键问题研究	江苏镇江建筑科学研究院集团股份有限公司
		装配式混凝土预制部品部件生产质量控制与检验关键问题研究	九州职业技术学院
		装配式混凝土框架结构多层次减震策略及连接节点优化研究	南京工业大学
		装配式居住建筑组合结构一体化设计解决方案研究	南京长江都市建筑设计股份有限公司、东南大学、中建八局三公司
		江苏现代木结构全产业链发展战略研究	南京工业大学、江苏省住房和城乡建设厅科技发展中心
		装配式建筑关键部位性能检测技术研究	江苏省建筑工程质量检测中心有限公司
		面向装配式建筑施工用安装、吊装机具技术研究	南京工业大学、徐州工润建筑科技有限公司、苏州旭杰建筑科技股份有限公司、龙信建设集团有限公司
		装配式钢结构围护体系及内装体系研究	江苏沪宁钢机股份有限公司、徐州中煤汉泰建筑工业化有限公司、中衡设计集团股份有限公司、江苏建科建筑节能技术有限公司、南京长江都市建筑设计股份有限公司
		装配式组合框架新结构体系成套技术研究	东南大学、中亿丰建设集团股份有限公司、南京长江都市建筑设计股份有限公司、江苏东尚住宅工业公司
		基于BIM技术的装配式木结构设计、制作与安装一体化研究	南京工业大学、苏州昆仑绿建木结构科技股份有限公司

续表

项目类型		项目名称	主要承担单位
省建设系统科技项目	指导项目	双面叠合墙体系优化研究	启迪设计集团股份有限公司、 东南大学、 中亿丰建设集团股份有限公司、 江苏元大建筑科技有限公司、 中建科技江苏有限公司
		基于 BIM 技术的装配式建筑智慧建造技术研究	东南大学、 中亿丰建设集团股份有限公司、 中民筑友科技（江苏）有限公司、 江苏筑森建筑设计股份有限公司、 江苏宇辉住宅工业有限公司
		木混结构体系的应用研究	南京林业大学、 苏州昆仑绿建木结构科技股份有限公司、 东南大学、 常州砼筑建筑科技有限公司
		装配式建筑预制构件模具柔性组合技术研究与应用	东南大学新型建筑工业化协同创新中心、 江苏华江祥瑞现代建筑发展有限公司、 江苏省邮电规划设计院有限责任公司、 徐州工润建筑科技有限公司
		装配整体式型钢混凝土框架梁柱节点抗震性能研究及标准化设计	江苏省建筑设计研究院有限公司、东南大学、 中南建设集团有限公司
		装配式建筑装配式装修关键技术研究	启迪设计集团有限公司、 龙信建设集团有限公司、 金螳螂装饰公司、 科逸住宅设备有限公司

2.1.2　部分科研成果

（1）装配式建筑混凝土剪力墙结构关键技术研究

该课题由“十二五”国家科技支撑计划支持，完成单位是东南大学、江苏中南建筑产业集团有限责任公司、哈尔滨工业大学、北京万科企业有限公司。课题成果经鉴定具有显著的创新性和推广应用价值，并获得 2017 年度江苏省科学技术奖一等奖。

装配式混凝土结构作为装配式建筑极为重要的结构形式，近年来得到了快速发展，但仍然存在基础研究和技术支撑不足的瓶颈问题。本项目针对装配式混凝土结构连接与施工关键技术难题，在节点构造、钢筋连接、构件预制与安装等方面开展了系统创新研发，形成了具有江苏特色并引领国内专业领域的成套应用技术。

该课题取得的主要创新成果如下：

1）提出了加强边缘构件约束、钢筋混合连接及免模板现浇混凝土水平连接的装配式混凝土剪力墙结构节点新构造。面对装配式混凝土剪力墙结构推广应用中凸显的企业对百米级高度住宅的需求，针对预制墙体连接节点抗震性能问题，创新提出采用扣搭焊接封闭箍筋约束边缘构件混凝土的金属波纹管浆锚连接技术；边缘构件 U 形筋对接、中部分布钢筋金属波纹管浆锚连接的混合连接技术及预制壁板一体化成型的现浇混凝土水平连接构造，是对当前技术的重大突破。

2）研发了梁端带键槽和不同底筋锚入方法的装配式混凝土高层框架结构“湿”式连接新节点。针对装配式混凝土高层框架结构柱 - 梁连接节点抗震性能问题，从预制梁配筋与底筋锚固及键槽内附加钢筋设置方面进行改进，发明了钢绞线压花锚锚入式混合连接方法，研发了梁底筋锚固与附加钢筋搭接的混合连接技术和部分高强筋梁 - 柱连接技术，显著提高节点抗震能力、有效解决节点钢筋拥挤难题并拓展应用至高层建筑，是对当前技术的根本提升。

3）研发了预制构件钢筋连接用 GDPS 灌浆钢套筒组件。预制构件钢筋连接直接影响装配式混凝土结构的可靠性和经济性，国际上近 50 年来主要沿用美国发明的球墨铸铁钢套筒灌浆连接技术，本项目自主研发了以低合金无缝钢管为基材、自动化冷滚压加工成型的新型灌浆变形钢套筒（GDPS）组件和配套高性能灌浆料，攻克了钢筋安装容差过小、连接套筒造价过高的技术瓶颈，实现了该领域的颠覆性技术创新。

4）集成创新了多种混凝土构件预制与安装新工艺。针对构件预制与安装技术难题，研发了非预应力叠合板预制安装技术、“游牧式”短线法预应力叠合板生产线及框架结构构件新型安装工艺，实现了优质预制与高效安装，是对构件生产施工技术工艺的集成创新。

项目获授权国家发明专利 13 项、实用新型专利 20 项；主编地方标准 1 部及标准设计 2 部、国家标准设计 2 部；参编国家标准 2 部、行业标准 1 部、地方标准 8 部；获批省级工法 5 项。课题成果经鉴定总体达到国际先进水平、部分关键技术达到国际领先水平。项目成果已推广应用于 50 余项工程，总面积约 350 万 m^2，其中包括国际首幢百米级高度装配式剪力墙结构建筑和国内最高装配式框剪结构建筑，新增销售额约 32.1 亿元，新增利润约 4.8 亿元，取得了显著的经济、环境和社会效益，具有广阔的应用前景。

（2）现代木结构关键技术研究与工程应用

该课题由国家重大基础研究（973）前期专项、国家自然科学基金项目支持，完成单位是南京工业大学、苏州昆仑绿建木结构科技股份有限公司、中意森科木结构有限公司、南京工大木结构科技有限公司。课题成果经鉴定总体达到国际领先水平，并获得 2017 年度江苏省科学技术奖一等奖。

现代木结构是三大装配式建筑结构体系之一，具有绿色生态、健康宜居、抗震能力强等特点。但国内研究起步晚、发展慢，在制造工艺、设计理论、连接技术、防灾防护及配套集成等方面明显落后于先进国家。项目组经过十五年技术攻关，攻克了现代木结构的制造工艺、构件增强、节点连接、防火抗震等成套关键技术，有力推动了现代木结构在我国的应用与发展。

该课题取得的创新性成果如下：

1）创建了大断面 / 异型胶合木构件工业化制造工艺，开发了系列高性能构件，奠定了现代木结构发展的材料基础。探明了系列木结构材料的物理力学性能，揭示了木 - 胶界面机理及粘结强度演化规律；攻克了木材含水率、改性处理、制造环境及粘结匹配性等多因素耦合制造过程质量控制难题；开发了组合木梁、CLT 板、木 - 混凝土组合梁等高性能构件，并建立了力学模型和实用设计方法。

2）研发了现代木结构系列增强技术，提出了破坏模式判定方法，创建了统一计算理论。发明了钢筋植入、FRP 平铺及竖嵌、拉挤成型等系列增强技术，编制了国家标准，填补了国内空白；研发了内嵌和体外预应力木梁、张弦木梁等预应力增强构件，解决了大跨木结构变形控制的难题；探明了木构件增强机理，创建了通用计算模型并给出了破坏模式判定方法，建立了增强型构件的统一计算理论。

3）研发了系列木结构连接技术，探明了节点受力机理，建立了计算模型和设计方法。率先系统开展了螺栓节点性能研究，修正了不同破坏模式下连接承载力计算方法；发明了抑制横向劈裂的自攻螺钉增强螺栓节点；探明了植筋连接多参数影响规律，揭示了植筋粘结锚固机理，建立了界面粘结应力 - 滑移模型；研发了耗能植筋连接节点，提出了组件法计算理论。

4）研发了现代木结构防火抗震防腐等防灾技术，发明了防蠕变控制技术。揭示了火灾中木材及其界面性能演化规律；提出了木材防火控制技术和螺栓连接防火设计方法；研发了木夹板剪力墙、木壳屈曲约束支撑等新型抗侧力构件，提出了多高层木结构体系阻尼比和层间位移角限值等抗震性能指标；发明了木材满细胞压力浸渍防腐提升关键技术；建立了胶合木梁、拱蠕变模型及控制措施。

5）构建了集成绿色节能和安全智能技术的现代木结构建筑应用体系。研发了智能通风保温屋盖、单向透气保温复合木墙体等十余项创新产品；开发了光热转换蓄能、雨污水回用蒸发制冷等绿色低碳技术；构建了主动式安全节能木屋控制系统；通过工程示范实现了现代木结构技术在国内多个领域的首次应用。

项目获授权国家发明专利 26 项，国家级工法 1 项和省级工法 5 项，发表论文 110 篇（SCI 检索 23 篇、EI 检索 31 篇）；主编国家标准 4 部、行业标准 1 部；培养博硕士研究生 70 余名；成果已应用于 80 余项工程，如苏州胥虹桥（世界最大跨度木拱桥）、贵州省榕江游泳馆（国内最大木结构游泳馆）等，社会经济效益显著。

（3）江苏省建筑产业现代化标准体系研究

该课题是2015年度省级建筑产业现代化专项引导资金科技支撑项目，完成单位是江苏省工程建设标准站、南京工业大学、东南大学、南京长江都市建筑设计股份有限公司、江苏省建设工程质量监督总站、江苏省建筑科学研究院有限公司、南京市建筑设计研究院有限责任公司、苏州海鸥有巢氏整体卫浴股份有限公司、南京大地建设集团有限责任公司。经鉴定，研究成果总体达到国内领先水平。

该课题从建筑产业现代化的角度收集、梳理国际、国内及江苏省建筑产业现代化相关标准和标准设计，分别以"建筑设计"、"装配式混凝土结构"、"钢结构"、"木结构"、"建筑部品"、"工程管理"六大模块进行分类整理和系统研究；对建筑产业现代化实施的重点环节开展调研，分析研究全省建筑产业现代化产业链上标准覆盖的现状、适宜性和缺失情况；从建筑产品性能需求出发，构建了全省建筑产业现代化标准体系框架和目录，制定了江苏省建筑产业现代化标准近期和远期编制计划和主要技术要求。

该课题摒弃单独针对某一环节的标准体系研究路径，从建筑产业现代化全产业链开展梳理、构建和布局，系统研究建筑产业现代化标准体系，总体规划，分步实施，为今后逐步完善全省建筑产业现代化标准体系提供具有地方特色和科学前瞻的指导。

（4）江苏省混凝土预制内外墙板、预制楼梯板、预制叠合楼板（简称"三板"）应用现状与发展研究

该课题是2016年省级节能减排（建筑产业现代化科技支撑）专项引导资金项目，完成单位是江苏省住房和城乡建设厅科技发展中心、南京长江都市建筑设计股份有限公司、江苏筑森建筑设计股份有限公司。经鉴定，课题成果达到国内领先水平。

该课题基于对预制"三板"生产应用现状进行实地和书面调研的基础上，进行了预制"三板"设计施工技术分析、生产应用现状分析、综合效益分析、政策及监管现状分析，梳理了预制"三板"有关企业、产能和技术标准情况，综合考虑预制"三板"推广应用的市场需求、各方意愿、经济成本和综合效益，探讨了预制"三板"推广应用的技术难点、制度障碍和解决方法，进一步论证了推广应用预制"三板"的重要性，提出预制"三板"推广应用工作建议。

（5）装配式木结构用多榀木桁架设计与构件制造关键技术

该课题由"十二五"国家科技支撑计划项目支持，完成单位是南京林业大学、苏州昆仑绿建木结构科技股份有限公司、东北林业大学。课题成果经鉴定具有显著的创新性和推广应用价值。

课题以木质复合材料产业转型升级和培育战略性新型产业的目标开展研究，获得了装

配式木结构建筑单榀木桁架和多榀木桁架制备技术、结构木质保温板制造与评价技术2项；创制多榀木桁架、阻燃防腐型结构基材等新产品3项；建成年产2万榀预制木桁架加工示范线、年产5万m^2结构用木质保温板示范生产线各1条，申请专利10件（其中授权国家发明专利7件），编制国家标准2项、行业标准1项，发表论文28篇，培养研究生10名。

研究成果整体提升了我国木质复合材料制造能力和技术水平，对解决木材产业瓶颈问题、提升产品技术含量和拓展木质材料在装配式木结构建筑上的应用领域提供了技术支撑，对促进林业产业结构调整以及培育战略性新兴产业方面起到了重要的引导作用。

（6）多层单元整装式钢结构房屋体系研究

该课题完成单位是启迪设计集团股份有限公司和华德宝机械（昆山）有限公司，课题成果经鉴定达到国内领先水平。

多层单元整装式钢结构房屋体系是主体结构构件、建筑内外装修、机电设备等按单元进行工厂标准化生产，现场进行单元拼装，快速完成房屋建造的新型建筑体系。课题研究针对多层单元整装式钢结构房屋体系的关键技术，从建筑、结构、给水排水、电气、暖通、内外装饰、制作安装等方面进行了系统集成研究，提出了安全、适用、经济的解决方案。研究开发了长螺栓套芯节点用于单元之间连接，形成了现场无焊接快速安装技术；开发了线槽安装、统一穿线等技术，解决了单元间机电管线连续敷设的难题，提高了工厂完成率和现场安装便捷性；编制了《单元整装式钢结构房屋技术导则》，为工程应用提供了技术支撑。具有高度工业化生产特征的多层单元整装式钢结构房屋体系顺应了建筑产业现代化的趋势，在本身符合工业化建造的钢结构中进一步提高了工业化水平，研究成果具有非常广阔的发展前景。

（7）结构自保温防水装饰一体化预制大型墙板关键技术与应用研究

该课题是江苏省建筑产业现代化专项引导资金科技支撑项目，完成单位是江苏省建筑科学研究院有限公司、东南大学建筑学院、龙信集团江苏建筑产业有限公司。课题成果经鉴定达到国内领先水平。

该课题研究适宜工业化建筑中推广应用的混凝土墙板技术，开发结构自保温并具防水、装饰功能的大型预制墙板，并通过对墙板结构设计、节能设计、构造、施工、验收等全套技术的研究，形成相关技术体系，编制相关的技术标准。

课题组调查分析了国内外典型的大型预制墙板的技术特点、建筑与结构构造、相关性能指标与实际应用情况等，并针对目前应用广泛的墙板进行深入分析。调研内容丰富、真实反映了预制保温墙板的应用现状。课题组在调研的基础上，研发了一种新形式的预制混凝土大型保温墙板，并通过试验研究其抗弯、热工、隔声、防水等性能，并将试验值与模拟值进行对比分析。该墙板的经济适用和创新性经试点工程应用与经济效益分析得到了验证。

（8）建筑产业现代化中高强钢筋集中加工配送技术研究及工程示范

该课题是江苏省建筑产业现代化专项引导资金科技支撑项目，完成单位是江苏省住房和城乡建设厅科技发展中心、南京市江宁区建筑工程局、南京仁创钢材加工有限公司、扬州市顶康工贸有限公司。课题成果经鉴定总体达到国内领先水平。

该课题在对国内外高强钢筋集中加工配送现状广泛调研和梳理的基础上，对该技术应用的必要性、可行性和关键技术进行了全面的分析和研究；通过试点企业和示范工程项目研究，建立了钢筋集中加工配送工作机制，提出了钢筋加工配送全过程质量控制措施及推进钢筋集中加工配送技术的政策建议。

该课题创新点包括：①将高强钢筋集中加工配送技术融合建筑产业现代化全产业链，研究提出了高强钢筋集中加工配送的产业发展模式；②提出了适合江苏省建筑产业现代化发展实际的高强钢筋集中加工配送推广政策；③提出了江苏省高强钢筋集中加工配送产业化基地的实施办法和认定条件；④组织实施了高强钢筋集中加工配送示范工程；⑤扶持培育了高强钢筋集中加工产业化示范基地企业。

（9）预制混凝土双板剪力墙结构关键技术研究

该课题是江苏省科技厅产学研前瞻性联合研究项目，完成单位是东南大学和江苏元大建筑科技有限公司。

预制混凝土双板剪力墙结构易于实现流水化的生产方式，具有规模化推广应用的潜力。课题深入研究装配式混凝土双板剪力墙结构体系、设计和连接等技术，包括水平拼缝U形筋搭接连接、边缘构件箍筋选用焊接封闭箍筋和在边缘构件设置连续复合螺旋箍等，通过抗震性能模型试验，验证了抗震性能及其可靠性，为装配式双板剪力墙的应用奠定了科研基础。推广应用的13栋装配式混凝土双板剪力墙结构住宅楼项目，作为将预制混凝土双板剪力墙结构应用于高烈度区（8度0.3g）的工程实践，初步形成了具有江苏特色的可应用于抗震设防烈度8度地区、其最大适用高度基本等同现浇剪力墙结构的装配式混凝土双板剪力墙结构。

2.2 标准支撑

根据《关于印发〈2015年全省建筑产业现代化工作要点〉的通知》，江苏省工程建设标准站开展了全省建筑产业现代化标准体系研究，并提出了全省建筑产业现代化标准编制的近期和远期编制计划，从通用性地方标准、推荐性地方标准、工程建设企业技术标准及标准设计不同层面，逐步引导全省装配式建筑各建筑形式、结构体系、材料类别、生产阶段的标准编制，不断完善全省建筑产业现代化标准体系。

2.2.1 地方标准

江苏省近年逐步加大装配式建筑地方标准编制力度，通过适时的立项和及时的复审、修订，填补装配式建筑推广过程中的标准空缺，推动全省装配式建筑良性、有序发展。

截至 2018 年底，江苏省现行装配式建筑标准共 13 项、标准设计共 6 项，内容包括了建筑设计、主体结构、部品构件、建筑施工与管理等（表 2.2-1），部分标准和标准设计的主要内容如下：

江苏省现行装配式建筑标准和标准设计　表 2.2-1

序号	适用方向	类别	名称及编号	主编单位
1	建筑设计	标准	轻型木结构建筑技术规程 DGJ32/TJ 129—2011	江苏省建筑科学研究院有限公司、江苏东方建筑设计有限公司
2		标准	成品住房装修技术标准 DGJ32/J99—2010	江苏省住房和城乡建设厅住宅与房地产业促进中心
3		标准	住宅设计标准 DGJ32/J26—2017	南京长江都市建筑设计股份有限公司
4	主体结构	标准	装配整体式自保温混凝土建筑技术规程 DGJ32/TJ133—2011	南京华韵建筑科技发展有限公司、东南大学
5		标准	预制预应力混凝土装配整体式结构技术规程 DGJ32/TJ199—2016	南京大地建设集团有限责任公司、东南大学土木工程学院
6		标准	装配整体式混凝土剪力墙结构技术规程 DGJ32/TJ125—2016	江苏中南建筑产业集团有限责任公司、东南大学
7		标准	装配整体式混凝土框架结构技术规程 DGJ32/TJ219—2017	东南大学、润铸建筑工程（上海）有限公司
8	构件、部品	标准	居住建筑标准化外窗系统应用技术规程 DGJ32/J157—2017	江苏省建筑科学研究院有限公司、南京市建筑设计研究院有限公司
9		标准	装配式复合玻璃纤维增强混凝土板外墙应用技术规程 DGJ32/TJ217—2017	南京奥捷墙体材料有限公司、江苏省建筑科学研究院有限公司
10		标准	蒸压轻质加气混凝土板应用技术规程 DGJ32/TJ06—2017	南京旭建新型建材股份有限公司、东南大学建筑设计研究院有限公司
11		标准设计	钢筋桁架混凝土叠合板 苏 G25—2015	南京长江都市建筑设计股份有限公司
12		标准设计	预制装配式住宅楼梯设计图集 苏 G26—2015	南京长江都市建筑设计股份有限公司
13		标准设计	预应力混凝土双 T 板 苏 G12—2016	南京市建筑设计研究院有限责任公司
14		标准设计	预应力混凝土叠合板 苏 G11—2016	江苏省建筑设计研究院有限公司
15		标准设计	住宅空调机位 苏 J52—2017	南京长江都市建筑设计股份有限公司
16		标准设计	住宅阳台 苏 J04—2019	南京市建筑设计研究院有限责任公司

续表

序号	适用方向	类别	名称及编号	主编单位
17	建筑施工与管理	标准	轻型木结构检测技术规程 DGJ32/TJ 83—2009	江苏省建筑科学研究院有限公司、江苏省建筑工程质量检测中心有限公司、江苏东方建筑设计有限公司
18		标准	施工现场装配式轻钢结构活动板房技术规程 DGJ32/J54—2016	江苏金土木建设集团有限公司、常熟市建筑管理处
19		标准	装配式建筑工程质量验收规程 DGJ32/J184—2016	江苏省建设工程质量监督总站

（1）住宅设计标准 DGJ32/J26—2017

该标准主要内容包括总则、术语、基本规定、使用标准、环境标准、节能标准、设施标准、消防标准、结构标准、设备标准、技术经济指标计算和保障性住房基本标准共 12 章。标准适用于江苏省城市、建制镇新建、改建和扩建的住宅设计。该标准积极推行标准化、模数化和多样化设计，积极推广装配式住宅、工业化建造技术、模数协调技术和成品住房技术，促进住宅产业化的发展。

（2）预制预应力混凝土装配整体式结构技术规程 DGJ32/TJ199—2016

该规程主要内容包括总则、术语和符合、基本规定、结构设计与施工验算、构造要求、构件生产、施工与验收共 7 章。规程适用于抗震设防烈度为 6 度和 7 度地区的预制预应力混凝土装配整体式框架结构、框架 - 剪力墙结构和装配整体式剪力墙结构的设计、施工及验收。规程体系关键技术之一为键槽节点，避免了传统装配结构梁柱节点施工时所需的预埋、焊接等复杂工艺，且梁端锚固筋仅在键槽内预留；关键技术之二为预制剪力墙竖向钢筋采用约束搭接连接，对现场施工安装的安全、高效具有显著的应用价值。

（3）装配整体式混凝土框架结构技术规程 DGJ32/TJ219—2017

该规程主要内容包括总则、术语和符号、基本规定、结构设计、构造、多螺箍筋柱的设计、施工与质量验收共 7 章。规程适用于抗震设防烈度为 6 度至 8 度地区的装配整体式混凝土框架结构和装配整体式混凝土框架 - 现浇剪力墙结构的设计、施工及验收。多螺箍筋是采用由多个连续圆形螺旋箍筋组合而成的箍筋形式，可结合柱截面尺寸进行适当组合。规程以多螺箍筋柱应用为基础，从材料、结构设计、构造要求、预制构件制作安装、施工和验收等方面提出了明确要求，丰富了装配式混凝土框架柱的构造形式，保障了装配式混凝土框架（多螺箍筋柱）的推广应用。

（4）居住建筑标准化外窗系统应用技术规程 DGJ32/J157—2017

该规程主要内容包括总则、术语和符号、标准化外窗系统、设计、施工与安装、工程验收共 6 章。规程适用于江苏省范围内新建、改建、扩建的居住建筑标准化外窗系统的生产制作、设计选用、安装施工、工程验收，公共建筑、工业厂房采暖区域外窗可参照执行。标准通过推进标准化、系统化设计，实现建筑外窗产品生产和施工安装标准化，达到建筑外窗商品化，提高建筑外窗工程质量的目的。

（5）装配式复合玻璃纤维增强混凝土板外墙应用技术规程 DGJ32/TJ217—2017

该规程主要内容包括总则、术语、IGRC 外墙及材料、建筑设计、结构设计、安装施工、质量检验与验收共 7 章。规程适用于装配式复合玻璃纤维增强混凝土板外墙在抗震设防烈度 8 度及 8 度以下地区高度小于 100m 的新建、改建、扩建工业与民用建筑工程。

（6）钢筋桁架混凝土叠合板（苏 G25—2015）

该图集内容包括钢筋桁架混凝土叠合板选用表、钢筋桁架混凝土叠合板预制底板配筋及模板示意图、节点构造图等，适用于抗震设防烈度为 6 度至 8 度、建筑高度小于 100m 的现浇及装配整体式混凝土结构民用建筑楼面板和屋面板。

（7）预应力混凝土叠合板（苏 G11—2016）

该图集内容包括预应力混凝土叠合板支座配筋详图、模板图、楼面叠合板及不上人屋面叠合板选用表等，适用于抗震设防烈度小于或等于 8 度地区的一般工业与民用建筑的楼盖和屋盖。

（8）施工现场装配式轻钢结构活动板房技术规程 DGJ32/J54—2016

该标准主要内容包括总则、术语、基本规定、材料和成品、设计与构造、制作与安装、验收使用维护和拆卸共 7 章。规程适用于建筑施工现场的装配式轻钢结构办公和生活用活动板房的设计、制作、施工和使用。

（9）装配式建筑工程质量验收规程 DGJ32/J184—2016

该标准主要内容包括总则、术语、基本规定、装配式混凝土机构、装配式钢结构、模块（单元房）建筑体系、装配式木结构、装配式结构其他相关工程、装配式结构工程验收共 9 章。规程适用于建筑工程装配式结构施工质量的验收。规程主要针对建筑工程装配式结构构件或模块及配件的进场质量验收、安装连接质量验收、完工质量验收进行了规范。

同时，29 项装配式建筑标准和标准设计已获得立项，将逐步完成编制并发布、实施，见表 2.2-2。

江苏省在编装配式建筑标准和标准设计　　表 2.2-2

序号	适用方向	类别	名称	主编单位
1	建筑设计	标准	江苏省装配式建筑综合评定标准	江苏省住房和城乡建设厅科技发展中心、南京长江都市建筑设计股份有限公司
2		标准	装配式装修技术标准	江苏省装饰装修发展中心
3		标准	养老建筑模块产业化设计标准	苏州设计研究院股份有限公司、南京大学建筑规划设计研究院有限公司
4		标准设计	成品住房菜单式装修设计图集	南京长江都市建筑设计股份有限公司、江苏省装饰装修发展中心
5	主体结构	标准	异形束柱装配式钢结构住宅体系技术规程	中衡设计集团股份有限公司、东南大学
6		标准	单元集成式钢结构房屋体系技术规程	苏州设计研究院股份有限公司、东南大学
7		标准	装配式混凝土结构隔震减震技术规程	南京工业大学、东南大学、南京长江都市建筑设计股份有限公司
8		标准	木结构人行桥梁技术规程	南京工业大学
9		标准	预制装配式自复位混凝土框架结构技术规程	东南大学、河海大学
10		标准	钢密柱集成模块建筑技术规程	威信广厦模块住宅工业有限公司
11		标准	基坑工程装配式型钢组合支撑应用技术规程	东南大学、江苏东合南岩土科技股份有限公司
12		标准	现代竹结构建筑技术规程	南京林业大学
13		标准设计	装配式混凝土结构节点抗震构造图集	南京工业大学、东南大学、南京长江都市建筑设计股份有限公司
14		标准设计	多层装配式钢结构住宅标准图集	徐州中国矿业大学建筑设计咨询研究院
15	构件、部品	标准	钢筋混凝土预制装配式外墙板技术规程	江苏省建筑科学研究院有限公司、龙信集团江苏建筑产业有限公司
16		标准	建筑幕墙工程技术标准	江苏省装饰装修发展中心、江苏合发集团有限责任公司
17		标准	预制装配式混凝土综合管廊技术规程	江苏省建筑工程质量检测中心有限公司、锦宸集团有限公司
18		标准设计	混凝土叠合楼盖装配式建筑图集	江苏中南建筑产业集团有限责任公司、海门市建筑设计院有限公司
19		标准设计	住宅整体式卫生间设计图集	南京长江都市建筑设计股份有限公司
20		标准设计	住宅整体式厨房设计图集	南京长江都市建筑设计股份有限公司
21		标准设计	轻质内隔墙构造图集	南京市建筑设计研究院有限责任公司
22		标准设计	装配式复合玻璃纤维增强混凝土板（IGRC）幕墙工程标准图集	东南大学建筑设计研究院有限公司、南京奥捷墙体材料有限公司
23		标准设计	预制装配式混凝土住宅标准化叠合楼板图集	徐州中国矿业大学建筑设计咨询研究院、中国矿业大学
24	建筑施工与管理	标准	装配式混凝土结构预制构件质量检验规程	江苏省建筑工程质量检测中心有限公司、江苏省建设工程质量监督总站
25		标准	装配式混凝土建筑施工安全技术规程	江苏省建筑安全监督总站

续表

序号	适用方向	类别	名称	主编单位
26	建筑施工与管理	标准	装配式混凝土结构检测技术规程	南京市建筑安装工程质量监督站、东南大学
27		标准	装配式混凝土结构现场连接施工与质量验收规程	东南大学、南京工业大学
28		标准	装配式混凝土结构工程施工监理规程	江苏省建设监理协会
29		标准	装配式木结构建筑检测与验收技术规程	南京工业大学、南京工大建设工程技术有限公司

2.2.2 企业标准

自工程建设企业标准化改革以来，我国工程建设学者和专家对企业标准化研究范围不断扩大，研究内容更加全面、深入，相关理论体系逐渐走向成熟。在国家“搞活企业标准”工作方针的指导下，为推进企业技术创新，2013 年，江苏省开始实施工程建设企业技术标准认证公告制度，规定“按照自愿原则，企业可委托省工程建设标准站对企业技术标准进行认证、公告”，“通过认证、公告的企业技术标准在所应用工程技术文件中可直接引用，可作为其编制勘察设计文件、施工图审查、施工安装、工程监理、工程检测、质量验收和使用维护管理的技术依据”。2014 年初，省工程建设标准站制定发布《江苏省工程建设企业技术标准认证公告规则》，进一步规范工程建设企业技术标准认证公告工作，并认证公告了一些工程建设企业技术标准，其中与装配式建筑有关的企业技术标准和标准设计见表 2.2-3。

江苏省已认证公告的装配式建筑企业技术标准和标准设计　　表 2.2-3

序号	适用方向	类别	名称	主编单位
1	主体结构	标准	型钢辅助连接装配整体式混凝土结构（金砼体系）技术规程	江苏金砼预制装配建筑发展有限公司
2	构件、部品	标准设计	YLB 轻质叠合板	无锡同济钢构项目管理有限公司
3		标准	叠合装配式混凝土综合管廊技术标准	锦宸集团有限公司
4	建筑施工与管理	标准	预制混凝土双板叠合墙体系施工及质量验收规程	江苏元大建筑科技有限公司
5		标准	模块建筑体系施工质量验收标准	威信广厦模块住宅工业有限公司

2.2.3 其他技术文件

（1）江苏省装配式建筑预制装配率计算细则

为统一装配式建筑预制装配率计算，规范装配式建筑目标任务考核、省级示范工程创建等，2017 年 1 月省住房城乡建设厅印发了《江苏省装配式建筑预制装配率计算细则》，明确了预制装配率指标的定义，规定了江苏省装配式建筑预制装配率的计算方法。其适用范围包括江苏省居住建筑、公共建筑及工业厂房，涵盖了装配式混凝土结构、装配式钢结构、装配式木结构及装配式组合结构（含模块建筑）。

（2）装配式混凝土结构工程质量控制要点

为推进建筑产业现代化发展，保障装配式混凝土结构工程质量，2017 年 3 月，省住房城乡建设厅印发了《江苏省装配式混凝土结构工程质量控制要点》。要点对在全省行政区域内从事装配式混凝土结构工程建设活动的各方责任主体建设单位、设计单位、施工单位、监理单位、预制构件生产单位提出了明确的质量控制要求及质量责任要求，同时对验收和质量监督也提出了明确要求。

（3）江苏省装配式混凝土建筑工程定额（试行）

2017 年 4 月，《江苏省装配式混凝土建筑工程定额（试行）》发布实施。定额适用于全省行政区域内采用标准化设计、工业化生产、装配化施工的新建、扩建的，按《江苏省装配式建筑预制装配率计算细则（试行）》计算出的 Z1 项数值不低于 30% 的装配式混凝土房屋建筑工程。

2.3 技术体系

2.3.1 装配式混凝土结构体系

装配式混凝土结构是以预制混凝土构件为主要受力构件，经装配、连接而成的结构。相对于现浇混凝土结构，具有建筑设计标准化、构配件生产工厂化、现场施工机械化和自动化、装修装饰一体化等基本特点，并易与现代科学技术的新成果、新工艺、新材料相结合，实现设计、建造、围护等建筑全寿命周期的信息化，提高劳动生产率，加快建设速度，降低工程成本，提高工程质量。

我国是地震多发国家，装配式混凝土结构在应用时必须具备较好的抗震性能。从抗震性能和抗震设计策略角度来分，装配式混凝土结构的抗震设防类别主要分为两类：一种是等同现浇钢筋混凝土结构抗震性能的装配式混凝土结构，简称等同现浇类；另一种是拥有自身独特抗震性能和规律的装配式混凝土结构，简称自身特性类。等同现浇类装配式混凝土结构的抗震机理和评价指标均与现浇混凝土结构一致，这样在实际设计应用中，设计人员便可以根据现行结构规范进行设计。由于装配式混凝土结构技术发展水平和从业人员素质等原因，我国现阶段大面积推广应用的装配式混凝土结构以等同现浇类为主。等同现浇类装配式混凝土结构为了保证与现浇结构相似的结构组成和力学性能，多采用“湿连接”形式，预制构件之间的连接要求设置较多的钢筋相互穿插和拉结，同时保留了部分现浇混凝土构件。

（1）主要工艺类别

就目前我国主要推广建造的装配式混凝土结构而言，主要有装配式混凝土剪力墙结构、装配式混凝土框架结构、装配式混凝土框架 - 现浇剪力墙结构、装配式预应力结构、装配式组合结构等，见图 2.3-1。

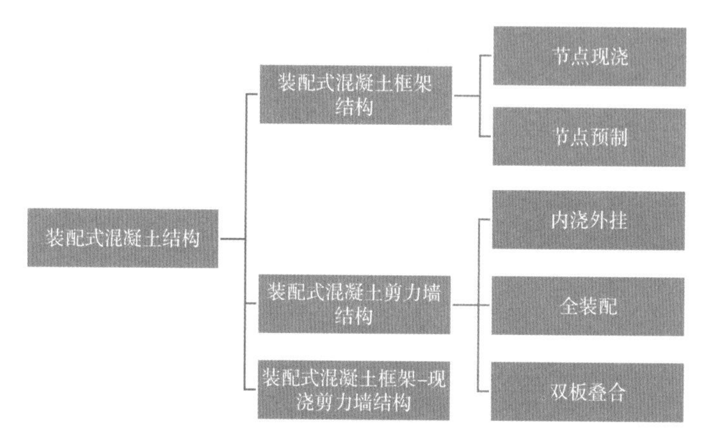

图 2.3-1　装配式混凝土结构分类

1）节点现浇的装配式混凝土框架结构

结构构件预制化拆分时，框架柱、梁均从节点处断开，框架柱可灵活采用全现浇、全预制或部分现浇、部分预制等形式，框架梁一般采用叠合形式，可设计成预制钢筋混凝土叠合梁或预制预应力混凝土叠合梁，楼板一般仍然采用叠合形式，同样可设计成预制钢筋混凝土叠合板或预制预应力混凝土叠合板。预制柱间纵向受力钢筋可通过灌浆套筒、螺纹套筒、挤压套筒等多种方式进行连接，由于连接方式和建造方式的差异，节点现浇区域有时也会像梁端、柱端延伸，梁端可预留键槽，柱端部分往往通过立模板的方式进行现浇混凝土作业。节点现浇形式的装配式框架结构典型应用案例见图 2.3-2。

此形式的装配整体式框架结构，在设计方面，通过合理的节点构造处理，可顺利实现“强节点、弱构件”，并达到“等同现浇”性能目标；在施工方面，水平构件采用叠合形式，节省了大量模板与支撑系统；在构件制作方面，构件制作工艺简单，质量可靠，尤其预制预应力构件的制作，充分发挥了预制混凝土的技术优势。

（a）节点现浇

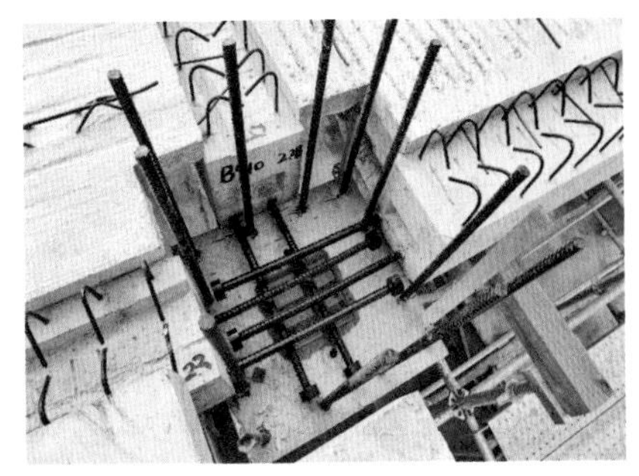

（b）节点局部

（c）带键槽节点现浇

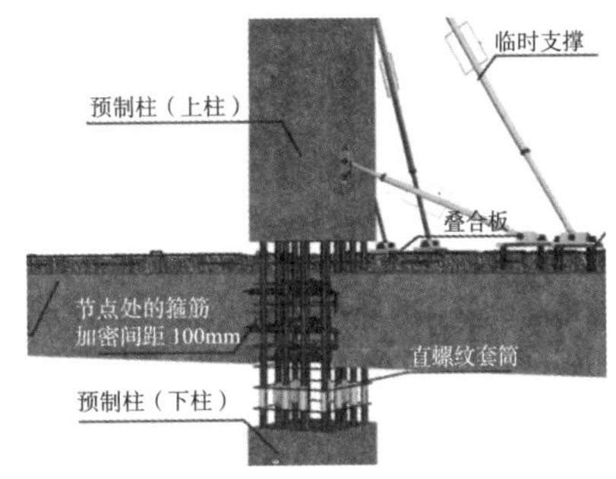

（d）柱端部分现浇

图 2.3-2 节点现浇形式框架案例

2）节点预制的装配式混凝土框架结构

“节点现浇”的装配式混凝土框架节点区域现场施工往往较为复杂，对施工质量要求较高。为进一步保证梁柱节点区域的质量，结构构件预制化拆分时，节点区域也可采用预制的形式。根据预制部分所处的区域，可形成十字式预制构件、预制节点位于梁上的预制梁、预制节点位于柱上的预制柱等，如图 2.3-3 所示。十字式预制构件的连接区域一般设置于梁、柱中间位置，预制节点位于梁或柱上时，往往在节点区域预留贯通的钢筋孔，需要连接的构件钢筋穿过预制节点区域，在相对应的构件中进行灌浆连接。随着“干式”连接方式越来越多地受到人们的关注，预应力压接、螺栓连接等方式也越来越多地应用于“节点预制”的装配式混凝土框架结构上。

此形式的装配式框架结构，在设计方面，由于构造加强和节点预制等原因，可充分保证“强节点”，即在地震作用下，节点区域保持完好，在柱、梁等构件上进行破坏耗能；在施工方面，节点预制不仅避免了节点处密集钢筋的绑扎作业及节点混凝土强度等级与楼板叠合层后浇混凝土强度等级不一致所导致的麻烦，并且利用预制混凝土的优势，充分保证了框架节点的可靠性，但同时由于节点预制增加了构件吊装的困难，另外，梁端部或跨中附近现浇混凝土的模板支设也增加了现场工作量；在构件预制方面，节点与柱整体预制时为便于侧面梁筋伸出，须在模板侧面开孔，而节点与梁整体预制时，

（a）十字式节点

（b）预制节点位于梁上

（c）预制节点位于梁上

（d）预应力压接

图 2.3-3　节点预制形式框架案例

须在节点中设置竖向孔道，以便于柱竖向钢筋穿入，这些均增大了构件预制的工艺复杂度，并提高了构件制作质量要求。

3）“内浇外挂”形式装配式混凝土剪力墙结构

结构内部全部采用现浇剪力墙，结构外周大量采用预制混凝土模板作为外部剪力墙的外侧模板，水平构件如梁、楼板等采用叠合式构件，其他建筑构件如楼梯、阳台板、空调板等则采用预制构件，见图 2.3-4。“内浇外挂”形式的主要抗侧力构件仍然为现浇混凝土构件，预制混凝土模板仅起到减小或去除现场施工外模板量的作用。在装配式剪力墙结构发展前期，考虑到我国的研究起步较晚、实践应用经验较少的情况，该形式成为装配式混凝土剪力墙结构发展前期的一种主要形式，较易于被工程界、学术界人士接受，促进了装配整体式剪力墙结构快速推广。

此形式的装配整体式剪力墙结构，在设计方面，偏安全地不考虑预制外模板对承载力及刚度的贡献。另外，由于内部剪力墙全部现浇，水平联系构件叠合现浇，其整体性能被认为与现浇剪力墙结构完全等同，因此，可完全遵循现浇混凝土剪力墙结构的设计方法与构造原则，但不可避免地形成了一定程度材料浪费；在施工方面，预制外模板的应用，省去了建筑外周模板及支撑系统的搭设，极大地方便了施工，结构内部可仍然采用与现浇剪力墙结构相同的施工工艺；在构件预制方面，楼梯、阳台板等典型构件的预制，降低了现场支模及浇筑混凝土的难度，同时一定程度发挥了预制混凝土技术的优势。

（a）装配式混凝土外模板

（b）内侧立模板

（c）现浇内墙

（d）外墙效果

图 2.3-4 “内浇外挂”形式案例

4）“全装配”形式装配式混凝土剪力墙结构

剪力墙全部或大部分采用预制构件（剪力墙构件预制比率一般在 50% 以上），上、下层预制墙板通过套筒灌浆连接或浆锚搭接连接等方式进行连接，同层预制墙板通过后浇混凝土连接，水平构件采用叠合式构件，其他建筑构件如楼梯、阳台板、空调板等则同样采用预制构件。“全装配”形式的装配整体式剪力墙结构典型应用案例见图 2.3-5。

此形式的装配整体式剪力墙结构，在设计方面，虽试验已基本证实套筒灌浆连接与浆锚搭接连接均可有效传递钢筋应力，保证所连接的预制墙板间的受力整体性，但考虑到墙板完全预制后进行连接与现浇混凝土剪力墙整体浇筑所存在的差异，一般认为其整体性能与现浇剪力墙结构基本等同，因此，在遵循传统现浇剪力墙结构的设计方法与构造原则的基础上，一般对确保其整体性的连接构造，如套筒连接构造、浆锚搭接连接构造、预制墙板间后浇混凝土等，要求采取相关加强措施；在施工方面，由于承重构件大多采用预制或叠合形式，施工现场直接体现了“全装配”，充分利用了吊装机械，大量节省了模板与支撑系统，有效减少了劳动力数量，但同时对施工技术

（a）构件预制

（b）构件拼装

图 2.3-5 “全装配”形式案例

与质量要求均有所提高，如预制墙板的安装精度、套筒灌浆或浆锚灌浆的密实度、叠合板间拼缝的高低差等；在构件预制方面，通过合理的拆分设计，可实现构件标准化，充分发挥预制混凝土技术的优势。

此形式的装配整体式剪力墙结构充分应用了预制混凝土技术，将现浇剪力墙结构构件预制化，并通过可靠的连接措施保证结构的整体性，达到“等同现浇”性能目标，并已成为装配式混凝土剪力墙结构主要的推广形式。

5）“双板叠合”形式装配式混凝土剪力墙结构

剪力墙采用预制内、外叶墙板，墙板间填充现浇混凝土，形成“双板叠合”剪力墙（国外又称“sandwich wall”）。“双板叠合”形式的装配整体式剪力墙结构典型应用案例见图 2.3-6。此形式的装配整体式剪力墙结构，在设计方面，偏保守地不考虑预制内、外叶墙板的作用，仅考虑中部现浇混凝土结构部分对结构承载力与刚度的贡献，预制双板仅起到施工模板的作用。因此，“双板叠合”剪力墙主体结构实质上仍然是现浇混凝土结构，可完全遵循传统现浇剪力墙结构的设计方法与构造原则，但同时也造成了较“内浇外挂”形式更大的材料浪费；在施工方面，与“全装配”相似，现场节省了大量模板与支撑系统，且不存在钢筋套筒灌浆连接或浆锚搭接连接等精细化操作工艺，对施工要求相对较低，但对墙板安装精度仍然有较高要求。同时，现场混凝土浇筑量明显较大，所需劳动力数量也较多；在构件制作方面，由于预制双板构件的特殊性以及对双板尺寸（双板板厚与距离）精度的严格要求，对构件制作工艺及设备提出了较高要求，我国尚缺乏相应设备制造与研发能力，尚需引进国外生产线设备，而由此带来的前期资金投入往往是十分巨大的。

（a）预制“双板叠合”剪力墙

（b）局部图

图 2.3-6 “双板叠合”形式案例

此形式的装配整体式剪力墙结构可以认为其结构主体仍然是现浇混凝土结构，其性能可保证“等同现浇”，而仅是利用预制混凝土技术妥善解决了现场模板支设问题，但由于其预制工艺及生产设备的先进性要求，现阶段对其推广应用尚相对缓慢。

为满足建筑功能要求，以上各种形式的装配整体式剪力墙结构的外墙板可以通过反打工艺一次成型，形成保温、装饰一体化建筑墙板，既可免去施工现场建筑外侧模板的支设及后期装修施工，也可增强保温层、装饰部件等与主体结构连接的可靠性。同时，为解决现浇混凝土结构中后装窗框接缝处的防水问题，外墙板同样可以将窗框预埋在模板内，与构件同步预制。因此，窗框整体预制的保温、装饰一体化建筑墙板充分体现了预制混凝土技术的优势。

（2）江苏省应用的主要技术体系介绍

1）预制预应力混凝土装配整体式框架结构体系（世构 SCOPE 体系）

世构体系由南京大地集团于 20 世纪 90 年代从法国引进，采用现浇或多节预制钢筋混凝土柱，预制预应力混凝土叠合梁、叠合楼板，通过钢筋混凝土后浇部分将梁、板、柱及节点连成整体的框架结构体系，该体系采用长线法预应力台座进行生产。在工程实际应用中，世构体系主要有以下三种结构形式：一是采用预制混凝土柱、预制预应力混凝土叠合梁、叠合楼板的全装配整体式框架结构；二是采用现浇混凝土柱、预制预应力混凝土叠合梁、叠合楼板的半装配整体框架结构；安装时先浇筑柱，后吊装预制梁，再吊装预制板，柱底伸出钢筋，浇筑带预留孔的基础，柱与梁的连接采用键槽，叠合楼板的预制部分采用先张法施工，叠合梁为预应力或非预应力梁，框架梁、柱节点处设置 U 形钢筋。其关键技术键槽式节点避免了传统装配式节点的复杂工艺，增加了现浇与预制部分的结合面，能有效传递梁端剪力，可应用于抗震设防烈度 6、7 地区的高度不大于 45m 的建筑，如图 2.3-7 所示。三是仅采用预制预应力混凝土叠合楼板，适用于各种类型的结构。

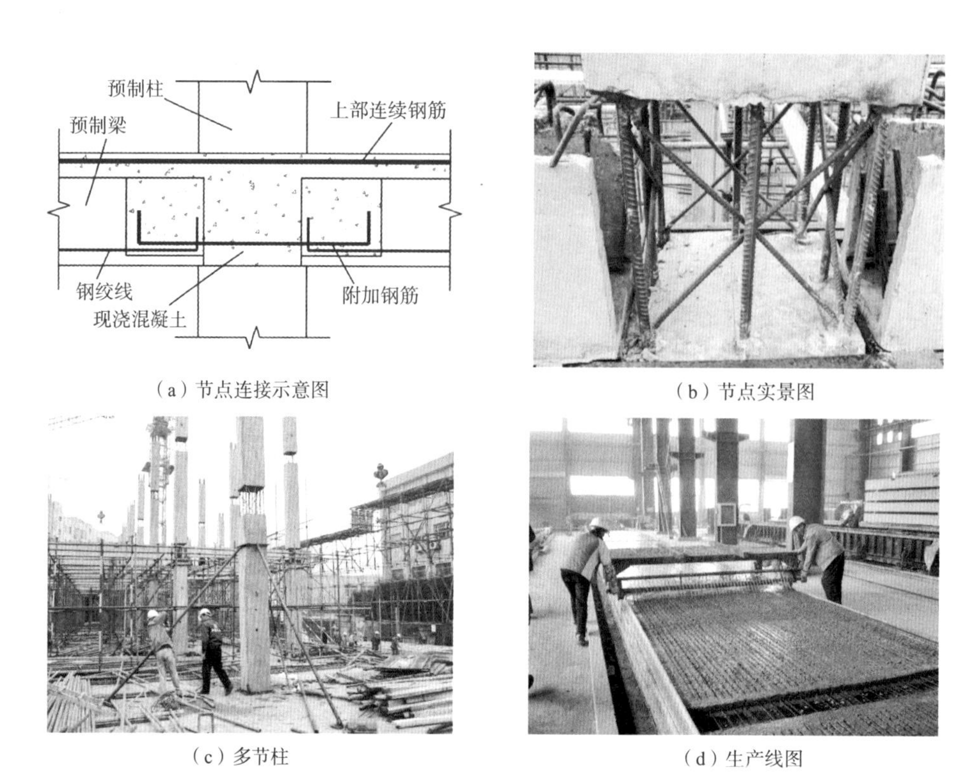

（a）节点连接示意图

（b）节点实景图

（c）多节柱

（d）生产线图

图 2.3-7　世构体系

世构体系与一般常规框架结构相比，具有以下特点：①采用预应力高强钢筋及高强混凝土，梁、板截面减小，梁高可降低为跨度的 1/15，板厚可降低为跨度的 1/40，建筑物的自重减轻且梁、板含钢量也可降低约 30%，与现浇结构相比，建筑物的造价可降低 10% 以上；②预制板采用预应力技术，楼板抗裂性能大大提高，克服了现浇楼板容易出现裂缝的质量通病。而且预制梁、板均在工厂机械化生产，产品质量更易得到控制，构件外观质量好，耐久性好；③梁、板现场施工均不需模板，板下支撑立杆间距可加大到 2.0 ~ 2.5m，与现浇结构相比，周转材料总量节约可达 80% 以上；④梁、板构件均在工厂内事先生产，施工现场直接安装，既方便又快捷，工期可节约 30% 以上；⑤梁、板均不需粉刷，减少施工现场湿作业量，有利于环境保护，减轻噪声污染，现场施工更加文明；⑥与普通预制构件相比，预制板尺寸不受模数的限制，可按设计要求随意分割，灵活性大，适用性强。

针对世构体系，已形成行业标准《预制预应力混凝土装配整体式框架结构技术规程》JGJ 224—2010 和江苏省工程建设标准《预制预应力混凝土装配整体式结构技术规程》DGJ32/TJ 199—2016。研究课题《世构体系成套技术在工程中的应用研究》通过了江苏省住房和城乡建设厅组织的鉴定，形成《预制预应力混凝土装配整体式框架结构梁柱键槽节点施工工法》国家级工法和《预应力混凝土叠合板生产、施工工法》《键槽节点混凝土装配式框架结构（柱、梁）生产施工工法》《预制外保温混凝土叠合墙板安装施工工法》《预制外保温一体化混凝土墙板制作工法》等省级工法。

2）预制装配整体式剪力墙结构体系（NPC 体系）

NPC（New Prefabricated Concrete Structure）结构体系是由中南集团于 2008 年前后从澳大利亚引进的装配式结构技术，其剪力墙、柱、电梯井等竖向构件采用预制，水平构件梁、板采用叠合现浇形式；竖向构件采用预埋金属波纹管浆锚连接，即下层预制构件的竖向钢筋通过插入上层预制构件预埋的金属波纹管内，并通过在金属波纹管内灌注高强无收缩灌浆料形成锚固，达到上下层竖向钢筋之间的搭接。水平向叠合梁、叠合楼板连接通过现浇层混凝土形成结构的整体性。墙柱等预制构件的水平方向连接则通过在竖向设置现浇节点实现整体性。一般情况下，可用于抗震设防烈度 7 度及以下地区，总高度不超过 60m，层数不超过 18 层的建筑。随着构造改进和研究验证，目前 NPC 体系已经可以建造 100m 左右的装配式混凝土剪力墙结构。见图 2.3-8。

（a）建造图

（b）制作图

（c）灌浆图

（d）工程图

图 2.3-8 NPC 体系

NPC 体系在结构体系上具有以下主要特点：①剪力墙构件竖向采用钢筋浆锚接头，浆锚接头与构件位置不连续钢筋一一对应；②剪力墙构件水平向采用适当部位设置现浇连接带、现浇混凝土实现连接；③电梯井采用双U形即“[ ]”预制形式，通过竖向接缝设置现浇暗柱及楼层标高处设置现浇圈梁形成整体构件；④梁采用叠合梁形式，或与剪力墙构件整体预制；⑤板采用叠合板形式，并配置桁架钢筋，板的跨度较大，最大跨度可达7m左右。

NPC结构在制作和施工中具有以下综合效益：①构件采用工厂化制作，产品质量便于控制，构件外观质量满足清水混凝土要求；②外墙装饰面层及保温层与外墙板同时预制，减少现场外墙装饰工作量，提高工程质量；③外墙水平拼缝采用“内高外低”的企口缝，避免外墙拼缝容易渗水的问题；④外窗框在构件预制阶段直接预埋，避免出现外窗渗水等质量隐患；⑤施工现场模板及支撑体系等周转材料为同类型现浇结构的20%；⑥缩短建设工期，减少用工量，降低工人劳动强度；⑦减少施工现场作业量，降低粉尘、噪声等污染，有利于环境保护。

应用的海门中南世纪城工程、中南集团总部大楼项目、南通军山半岛E岛工程已竣工并通过验收。太湖论坛7号地块12幢18层项目、中南集团总部大楼项目、南京中南世纪雅苑项目为江苏省建筑产业现代化示范工程项目。已形成江苏省工程建设标准《装配整体式混凝土剪力墙结构技术规程》DGJ32/TJ 125—2016。

3）双板叠合预制装配整体式剪力墙体系

江苏元大建筑科技有限公司从德国引进了成套双板叠合预制装配整体式剪力墙体系生产线，在省内推进双板叠合预制装配整体式剪力墙体系的应用。该体系设计简单，工厂生产高度自动化，施工现场方便快捷，对环境影响小，资源节约，在欧洲是具有代表性的一项成熟的技术。墙体由两片钢筋混凝土预制板组成，两片预制板通过格构式钢筋桁架连接，并在两侧预制板间的空腔浇筑现浇混凝土。钢筋混凝土预制板既作为中间现浇混凝土的侧模，也用于承载参与结构工作。通过在双板墙体现浇层设置连接钢筋，将双板墙体与基础、预制楼板以及各层墙体连接成整体。

该墙体预制部分在工厂分两阶段进行：首先在布置好钢筋骨架的钢模具上浇筑一侧混凝土预制板并养护成型，其钢筋骨架由焊接钢筋网和格构式钢筋桁架组成；再浇筑另一侧预制板的混凝土，通过翻板机将养护好的混凝土板露钢筋骨架一侧压在新浇筑的混凝土上，在工厂养护成型。在施工现场吊装完成后临时固定，并浇筑两侧预制混凝土壁板间的后浇层，就形成了双板叠合预制装配整体式剪力墙。见图2.3-9。

双板叠合预制装配整体式剪力墙体系具有以下优势：①双板叠合预制装配整体式剪力墙结构的墙体两侧预制板工厂预制，中间夹层混凝土施工现场浇筑，能很好地结合现浇混凝土结构和装配式混凝土结构的特点。基本不存在一般装配式混凝土剪力墙拼缝薄弱环节，适用范围较广，除适用于地面以上主体结构，也适用于地下室结构等。

并且，其结构水平构件和竖向构件通过现浇钢筋混凝土连接，具有很好的整体性能。②双板叠合预制装配整体式剪力墙两侧预制板在施工过程中可代替传统模板，最大限度地减少了模板和支架的用量，节省工程费用。③双板叠合预制装配整体式剪力墙结构墙体构件更轻便，能采用更大体量的构件，减少墙体竖向拼缝。同时，也使得预制构件厂有效经济半径更大，更适合规模推广应用，有效提高 PC 企业的经济效益。④双板叠合预制装配整体式剪力墙建筑体系的主要预制构件预制墙和叠合楼板可以无缝共用生产线，在生产线钢模具平台上放置焊接钢筋网和钢筋桁架并浇筑混凝土，即可生产叠合楼板；再在钢模具上放置焊接钢筋网并浇筑混凝土，结合已生产叠合板构件，即可成为墙体构件。不同构件共用生产线能提高生产线利用效率，对 PC 企业是一个巨大的经济优势。⑤双板叠合预制装配整体式剪力墙体系的预制墙和叠合楼板等主要构件工厂生产效率极高，在预制厂生产墙体和叠合楼板等构件时，从布模，到钢筋下料、混凝土布料、振捣，到养护，整个生产过程全自动化控制，效率高且使用工人少。

实施的宿迁铂金美寓项目被评为 2016 年江苏省建筑产业现代化示范工程项目。采用江苏元大建筑科技有限公司开发的双板叠合剪力墙产品，在宿迁建成抗震设防高烈度区（8 度 0.30g）预制装配整体式剪力墙结构高层建筑。已完成的其他工程有宿迁美如意帽业有限公司等项目。

（a）建造图

（b）双板墙构件

（c）建造图

（d）双板墙构件

图 2.3-9 双板叠合预制装配整体式剪力墙体系

4）润泰装配整体式混凝土框架结构体系（润泰体系）

润泰体系是由台湾润泰集团结合成熟技术开发的一种装配式结构体系。由预制钢筋混凝土柱、叠合梁、叠合楼板、现浇剪力墙等组成，柱与柱之间的连接钢筋采用灌浆套筒连接，通过现浇钢筋混凝土节点将预制构件连成整体，可用于抗震设防烈度7度及以下地区的高度不超过110m的建筑。该体系的特点为：采用大截面柱，柱子钢筋集中布置在角部，便于梁底钢筋锚入，柱子箍筋采用多螺箍。见图2.3-10。

（a）节点连接

（b）多螺箍制作

（c）吊装图

（d）预制梁

图2.3-10　润泰体系

润泰体系可使工程施工速度大大提升，外挂墙板防水处理较好，柱钢筋整体用量较传统方法节约13%，其连接符合抗震规范。应用该体系的项目有润泰精密（苏州）有限公司—预制工厂、华东联合制罐第二有限公司整厂迁建工程等，已形成江苏省工程建设标准《装配整体式混凝土框架结构技术规程》DGJ32/TJ 219—2017。

2.3.2　装配式钢结构体系

装配式钢结构是指按照统一、标准的建筑部品规格与尺寸，在工厂将钢构件加工制作成房屋单元或部件，然后运至施工现场，再通过连接节点将各单元或部件装配成一个结构整体。装配式钢结构易于实现工业化、标准化、部品化，与之相配的墙体材料可以采用节能、环保的新型材料，可再生重复利用，符合可持续发展战略。装配式钢结构不仅可以改变传统住宅的结构模式，而且可以替代传统建筑材料（砖石、混凝土和木材），实现标准化设计。

（1）主要优势

装配式钢结构建筑体系包括主体结构体系、围护体系（三板体系：外墙板、内墙板、楼层板）、部品部件（阳台、楼梯、整体卫浴、厨房等）、设备装修（水电暖、装修装饰）等，其优势有：一是因为钢材具有良好的机械加工性能，适合工厂化生产和加工制作；二是与混凝土相比，钢结构较轻，适合运输、装配；三是钢结构适合于高强度螺栓连接，便于装配和拆卸。具体如下：

1）重量轻、强度高、抗震性能好

装配式钢结构建筑的骨架是由钢柱、钢梁及轻钢龙骨等钢制构件，和高强、隔热、保温以及轻质的墙体组成。与其他建筑结构相比，重量仅为同等面积建筑结构的1/3 ~ 1/2，大大减轻基础的荷载。由于钢材的匀质性和韧性好，可承受较大变形，在动力荷载作用下，有稳定的承载力和良好的抗震性能。相比混凝土等脆性材料，钢结构具有更好的抗震能力，在高烈度地震区域具有较好的应用优势。

2）符合建筑工业化要求

大量的标准化钢构件通常采用机械化生产，可在工厂内部完成，构件的施工精度高、质量好。钢结构建筑更容易实现设计的标准化与系列化、构配件生产的工厂化、现场施工的装配化、完整建筑产品供应的社会化。装配式钢结构将节能、防水、隔热等部品集合在一起，实现综合成套应用，设计、生产、施工安装一体化，提高住宅的产业化水平。

3）综合效益较高

装配式钢结构建筑在造价和工期方面，具有一定的优势。由于钢结构柱截面尺寸小，与混凝土柱相比，截面小约50%以上，而且开间尺寸灵活，可增加约8%的有效使用面积。钢结构承载力高，构件尺寸小，节省材料；结构自重小，降低了基础处理的难度和费用；装配式钢结构建筑部件工厂流水线生产，减少了人工费用和模板费用等。同时，钢结构构件易于回收利用，可减少建筑废物垃圾，提高了经济效益。

4）绿色环保

装配式钢结构具有生态环保的优点，改建和拆迁容易，材料的回收和再生利用率高；

而且采用装配化施工的钢结构建筑，占用的施工现场少，施工噪声小，可减少建造过程中产生的建筑垃圾。在建筑使用寿命到期后，钢结构建筑物拆卸后产生的建筑垃圾仅为钢筋混凝土结构的1/4，废钢可回炉重新再生，做到资源循环再利用。

（2）发展现状

改革开放前，由于我国经济水平和钢材产量限制，我国钢结构建筑发展比较缓慢。随着近些年经济飞速发展、住宅工业化推进以及产业升级要求，装配式钢结构建筑得到快速发展。目前，省内钢结构企业以及科研机构众多，为钢结构建筑发展提供很好的技术基础。

（3）江苏省主要装配式钢结构技术体系介绍

1）钢框架结构体系

钢框架结构体系（图2.3-11）是最常见的一种结构体系，荷载传递清晰，施工简单，开间布置灵活，应用比较广泛，多应用于低多层钢结构建筑。

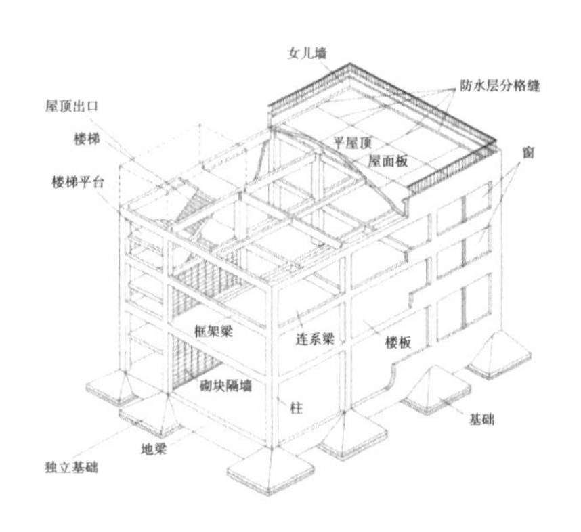

图 2.3-11　钢框架结构体系

2）冷弯薄壁低层住宅结构体系

冷弯薄壁型钢低层住宅结构体系（图2.3-12）主要是由冷弯成型的C形薄壁构件通过自攻螺钉连接形成龙骨，再与OSB板或石膏板等板材组装形成轻质墙体，其承受建筑荷载的同时还作为建筑的围护体系。该体系具有自重轻、集成化高、抗震性能好以及环境适应性强等特点，在北美以及澳大利亚应用广泛，技术成熟，多为低层住宅。国内引进之后，多用于别墅和酒店建设。由于我国城市土地资源贫乏，该体系在大规模的城镇化建设中不符合我国基本国情。

图 2.3-12 冷弯薄壁型钢低层住宅结构体系

3）钢框架支撑结构体系

钢框架支撑是在高层钢结构建筑中应用非常广泛的双重抗侧力建筑体系，其荷载传递清晰，结构利用率高，设计方便，施工简单，因此得以广泛的应用，见图 2.3-13。但是该体系在住宅应用中，柱子截面过大，凸出墙体，支撑布置容易与建筑开间矛盾，影响建筑功能的使用，因此该体系须进行技术改进，以便更好地在装配式钢结构住宅建筑中应用。

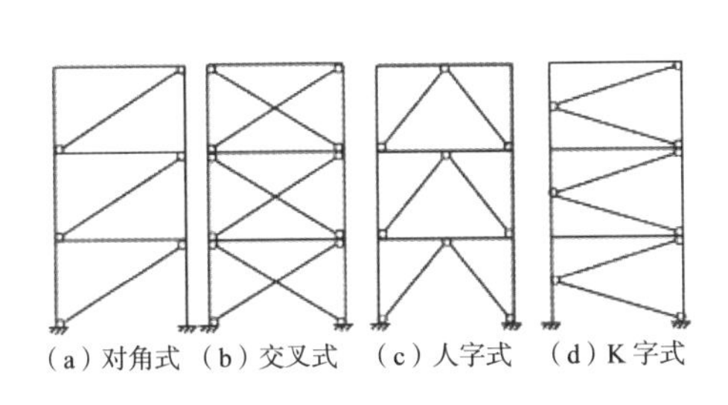

图 2.3-13 钢框架支撑体系

4）多腔柱框架支撑体系

为满足中高层住宅建筑功能需要，基于框架支撑结构体系的基础上进行改进，东南大学土木工程学院与徐州飞虹网架建设公司联合提出一种多腔柱框架支撑体系。该体系主要提出一种由冷弯型钢拼接而成的多腔柱，可根据需要拼接成T形、L形和十字形，同时还提出一种快速装配、构造简单的装配式梁柱节点，提高结构的装配效率，减少现场焊接，如图2.3-14所示。该体系能够满足当前中高层装配式钢结构住宅建筑的市场需要以及建筑工业化要求，并已建设试点样板楼，在中高层装配式钢结构住宅建设中具有较好的应用前景。

图2.3-14　多腔柱框架支撑体系

5）多腔柱框架组合剪力墙结构体系

在多腔柱框架支撑体系基础上，考虑强地震作用的影响，东南大学土木工程学院与江苏新蓝天钢结构有限公司提出多腔柱框架剪力墙结构体系，如图2.3-15所示。体系中，剪力墙由弯折型钢在工厂预制完成，现场内灌混凝土，形成组合剪力墙。该体系主要适用于高层装配式钢结构住宅建筑，已经建成试点样板房，在高层装配式钢结构住宅建筑中有较好的应用前景。

6）钢管混凝土扁柱框架体系

江苏中南建筑产业集团与同济大学设计院联合提出一种钢管混凝土扁柱框架体系，该体系对当前的钢管混凝土结构体系进行改进，采用较大宽高比的截面作为体系的主要承重构件，见图2.3-16，可以满足建筑空间灵活多变功能需要，尤其是住宅建筑。该体系已经应用于实际工程中，在装配式钢结构住宅体系中有较好的应用前景。

图 2.3-15 多腔柱组合剪力墙体系

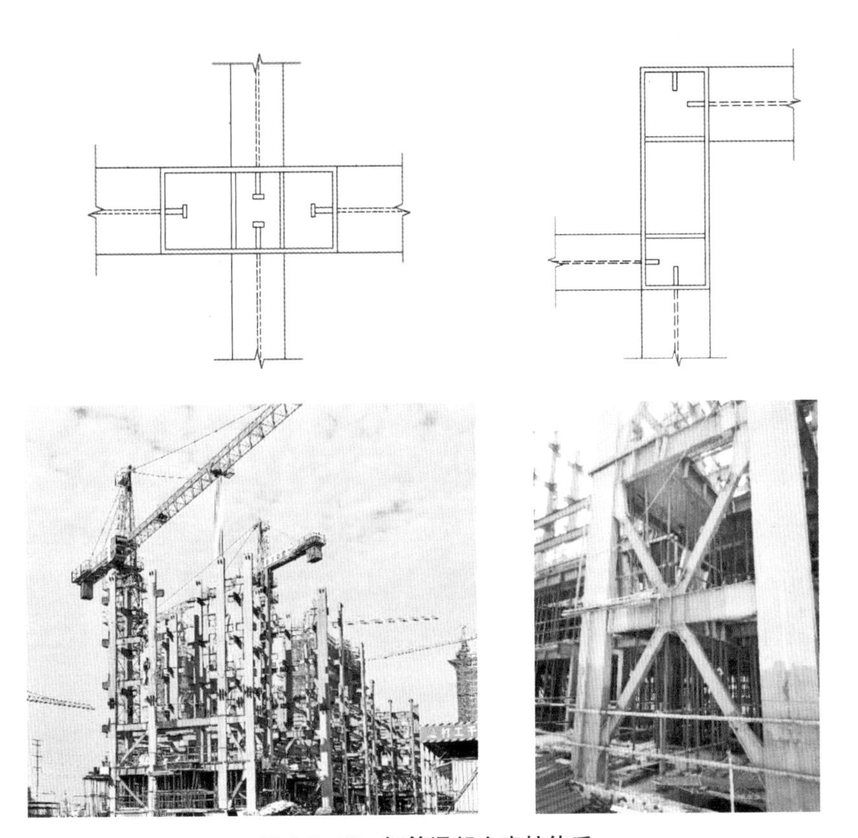

图 2.3-16 钢管混凝土扁柱体系

7）组合箱形钢板剪力墙装配式钢结构体系

江苏沪宁钢机有限公司针对中高层装配式钢结构建筑，基于传统的混凝土剪力墙体系提出一种新型的组合箱形钢板剪力墙装配式钢结构体系。该体系中，剪力墙主要采用 H 型钢组合而成，现场内灌混凝土形成组合剪力墙。剪力墙既作为抗侧力构件也作为竖向承重构件，具有良好的抗震性能，容易标准化生产。在高层装配式钢结构建筑中有着较好的应用前景，已经应用于江苏沪宁钢机有限公司内高层办公楼建设，见图 2.3-17。

图 2.3-17　组合箱形钢板剪力墙装配式钢结构体系

（4）应用案例

同里综合能源服务中心基建配套工程位于苏州同里古镇北侧，同里湖西岸，总用地面积 35163m^2，包括建设工业建筑 3 幢，分别为微网路由器中心站与交直流配电房、充换电站用房以及光热发电用房。建筑类型为钢框架结构形式，地上 2 层，无地下室，建筑高度分别为 18.5m、11.95m、15.38m。本工程建筑设计使用年限为 50 年，抗震设防烈度为 7 度，建筑耐火等级为二级；火灾危险性类别为丁类。项目于 2018 年 6 月开工，66 天完成竣工。

项目主体结构采用全钢框架结构，外围护系统采用外挂 GRC 幕墙板块及高性能门窗系统，室内装修结合 SI 体系部品系统。按照江苏省预制装配率标准计算，本项目预制装配率分别为：微网路由器中心站与交直流配电房 82.23%、充换电站用房 87.12%、光热发电用房 80.74%。

项目采用了钢结构外包式柱脚逆施工技术、穿透式屋面檩条支撑系统、装配式钢筋桁架楼承板技术等装配式钢结构建造技术，装配式外挂 GRC 幕墙板块技术、光伏玻璃幕墙施工技术、高性能门窗系统、GRC 幕墙与钢结构连接部位节点处理技术、光伏玻璃幕墙与钢结构连接部位连接部位节点处理技术等装配式围护结构建造技术，装配式内隔墙建造技术、集成吊顶系统结合预制钢制网挂片施工技术、地面架空地板系统施工技术、综合管线集成技术等装配式室内装修建造技术。见图 2.3-18、图 2.3-19。

图 2.3-18　同里综合能源服务中心基建配套工程鸟瞰图

图 2.3-19　同里综合能源服务中心基建配套工程施工过程（一）

图 2.3-19　同里综合能源服务中心基建配套工程施工过程（二）

2.3.3　装配式木结构体系

装配式木结构是指建筑的结构系统由木结构为承重构件组成的装配式建筑。装配式木结构体系丰富多样，大致可分为以下几类：井干式木结构、轻型木结构、木框架 - 支撑结构、木框架 - 剪力墙结构、CLT 剪力墙结构、核心筒 - 木结构及大跨木结构。对于不同的结构体系，其适合的应用范围也不尽相同，图 2.3-20 和图 2.3-21 分别展示了不同装配式木结构体系的应用范围和允许层数。

	井干式木结构	轻型木结构	梁柱-支撑	梁柱-剪力墙	CLT剪力墙	核心筒-木结构
低层建筑						
多层建筑						
高层建筑						
大跨建筑	网壳结构、张弦结构、拱结构及桁架结构					

图 2.3-20　不同装配式木结构体系的应用范围

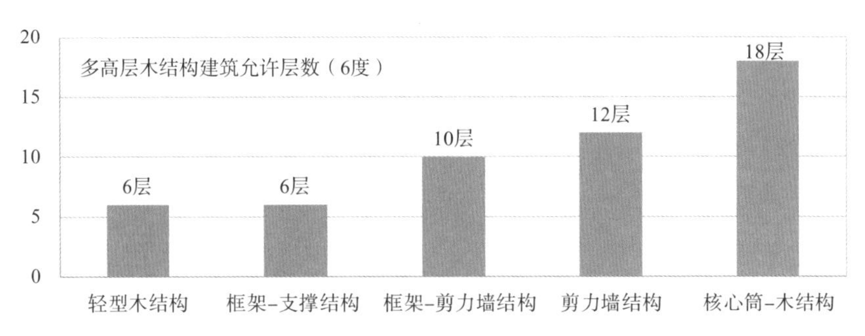

图 2.3–21　多高层木结构建筑允许层数

目前江苏省装配式木结构应用以轻型木结构居多，木框架 - 剪力墙结构、大跨木结构也得到了一定应用。

（1）江苏省主要装配式木结构体系介绍

1）轻型木结构

轻型木结构是采用规格材、木基结构板材或石膏板等制作而成的木构架墙体、楼板和屋盖系统而构成的单层或多层建筑结构，如图 2.3-22 所示。这类房屋的特点在于轻质安全、保温节能、抗震性能好、空间布局灵活、建造速度快、建造成本低。在北美、日本、欧洲等发达国家和地区应用广泛，一般用于低层和多层住宅建筑和中小型办公建筑等。目前，我国《多高层木结构建筑技术标准》GB/T 51226—2017 对轻型木结构的允许层数已提升至 6 层。

轻型木结构建筑能够在工厂预制成较大的基本单元，运输到现场采用吊装拼接而成。在工厂制作的基本单元，可将保温材料、通风设备、水电设备和基本装饰装修一并安装到预制单元内，因而装配化程度高。

图 2.3–22　轻型木结构

2）木框架 - 剪力墙结构

木框架 - 剪力墙结构指在木结构梁柱式框架中内嵌木剪力墙的结构体系。将木框架与木剪力墙进行组合使用，不仅改善了木框架的抗侧性能，而且相比剪力墙结构有更好的性价比和灵活性。这种结构体系的受力特点和传力路径清晰明确，木框架主要用来承担竖向荷载，而框架中内嵌的木剪力墙主要用于抵抗水平向荷载。应用领域涉及低层和多高层木结构建筑。

3）胶合木结构

胶合木结构基本预制单元主要以预制胶合木梁、柱和正交胶合木（CLT）墙板、楼板、屋面板等单个构件为主，受市场规模的限制，胶合木结构建筑的基本预制单元模数化设计和标准化构配件、标准化连接技术等运用不够，因此，胶合木结构的装配化程度与国际先进国家存在一定差距。

（2）应用案例

由于装配式木结构建筑在建筑全寿命周期中符合绿色节能、可持续性原则，并具有装配式建筑标准化设计、工厂化制作、装配化施工、一体化装修、信息化管理和智能化应用等特征，装配式木结构在多高层、大跨木结构、文教体育、旅游度假、传统和宗教文化等建筑中得到广泛的应用。

1）第十届江苏省园艺博览会主展馆

第十届江苏省园艺博览会于2018年9月在扬州仪征枣林湾生态园区举办。木结构主展馆由东南大学王建国院士领衔进行方案设计，南京工业大学木结构团队进行木结构结构设计。

主展馆名为“别开林壑”，总用地规模3万多平方米，建筑面积1.2万m^2。木结构部分建筑面积3570m^2，包括凤凰阁、科技厅和双拱木桥三部分。凤凰阁为全园最高点，24m高度是目前国内最高的现代木结构楼阁建筑。凤凰阁采用木结构门式刚架体系，两侧为支撑结构，跨度13.6m。门式刚架两侧设置交叉桁架以及交叉撑，保证结构整体稳定和抗侧性能。科技展厅为胶合木框架结构，大空间部分采用交叉张弦梁体系，柱间设置交叉拉杆以提高结构整体抗侧性能，跨度达到30.2m。连接凤凰阁和科技厅的双拱木桥采用拉杆拱体系，拱桥宽度8.4m，跨度28m。

主展馆科技厅舒展大气，凤凰阁高耸灵秀，整体造型与园内绵延起伏的地形吻合，颇具唐风，充分体现了自然之谐、文化之脉、地标之美、功能之序、科技之新、持续之用的设计理念。见图2.3-23。

（a）实景图

（b）凤凰阁顶接桁架式异形刚架内部空间图

（c）科技厅交叉张弦胶合木梁屋面图

图 2.3-23　第十届江苏省园艺博览会主展馆

2）常州市武进区淹城初级中学体育馆

常州市武进区淹城初级中学体育馆位于常州市武进区虹西路以北，西园路以东淹城初级中学内，建筑面积为 3899m^2。项目建设方为常州市武进区淹城初级中学，由南京工业大学建筑设计研究院和南京市建筑设计院有限责任公司联合设计。

体育馆主场馆为一层，层高为 15.95m，辅房一层层高为 3.6m，二层层高为 4.2m。项目结构体系为单层大跨木结构与钢筋混凝土框架结构组合体系，采用预制装配式结构，装配率达到了 76%，是目前国内最大的木结构体育馆，见图 2.3-24。

（a）实景图

（b）钢 - 木桁架屋面

图 2.3-24　常州市武进区淹城初级中学体育馆

2.3.4　其他装配式结构体系

（1）威信模块建筑体系（Vision 体系）

威信广厦模块建筑有限公司开发的威信（Vision）模块建筑体系即 3D 模块—核心筒结构体系。其中 3D 模块墙体由钢密柱结构、工厂全预制钢筋混凝土楼板和钢桁架屋面吊顶组成，根据标准化生产流程和严格的质量控制体系，在专业技术人员的指导下由熟练的工人在车间流水生产线上制作完成室内精装修，水电管线、设备设施、卫生器具以及家具等安装，模块运输至现场只需完成基础、核心筒、建筑模块的吊装、连接、外墙装饰以及市政绿化的施工。威信（Vision）模块建筑抗侧力体系依靠建筑中心区域的现浇核心筒，建筑模块的主要受力构件为钢密柱结构，预制钢筋混凝土板起到承受楼层荷载的作用，见图 2.3-25。

针对该体系，威信广厦模块建筑有限公司正在编制江苏省工程建设标准《模块建筑体系施工质量验收标准》。已实施的镇江新区港南路公租房项目、南京仙林湖“香悦澜山”住宅项目被评为江苏省建筑产业现代化示范工程项目。

（2）蒸压轻质加气混凝土预制成品房技术体系（NALCS）

南京旭建新型建材股份有限公司开发的 NALCS 预制成品房技术体系是由在工厂制作的钢骨架和加气板组成的成品房。加气板生产时，预置钢筋网片，通过螺栓和钢筋网片将加气板与钢骨架连接形成成品房外壳，成品房内部预先完成厨卫安装等工序，成品房安装时通过螺栓连接相邻成品房之间的钢骨架，并采用专用砂浆处理加气板之间的填缝，形成结构体系。

（3）魔墅体系

魔墅体系属于模块化集成可拓展钢结构体系，该体系在模块化建筑结构体系基础

（a）建造图

（b）模块单元吊装

（c）制造图

（d）整体式厨房

图 2.3-25 威信（Vision）模块建筑体系

上，进一步将多个模块在工厂完成整装集成，运输到目的地时，多个模块之间通过可变形机械结构连接，并辅以液压、机械等方式实现多个模块的拓展，无需现场拼接安装，即可形成一个完整的空间，见图 2.3-26。

魔墅体系适用于因地区、环境限制而不适合建造施工的地区，或对移动性和品质感要求高的临时展示建筑。其关键技术主要包括多模块结构主体的空间叠加集成、可动连接结构、拓展变形方式、拓展机械结构和密封与结构稳定构造。

魔墅体系的优势在于利用空间叠加的方式将多个结构模块集成在一个集装箱尺寸的空间模块内，保证运输的灵活性。模块落地后，可方便地拓展近 3 倍的面积，满足使用所需的良好体验；实现了模块化房屋的 100% 工厂预制，建造周期快、成本可控制，品质有保证；通过机械变形结构，可以快速实现展开和收缩两个过程，解决了传统模块化建筑现场拼装后拆卸复杂、不方便移动的弊端，增加了建筑重复利用的便捷性。

（4）框式构件分级装配房屋技术体系

框式构件分级装配房屋技术体系是一种装配式高性能绿色房屋技术体系，其所有

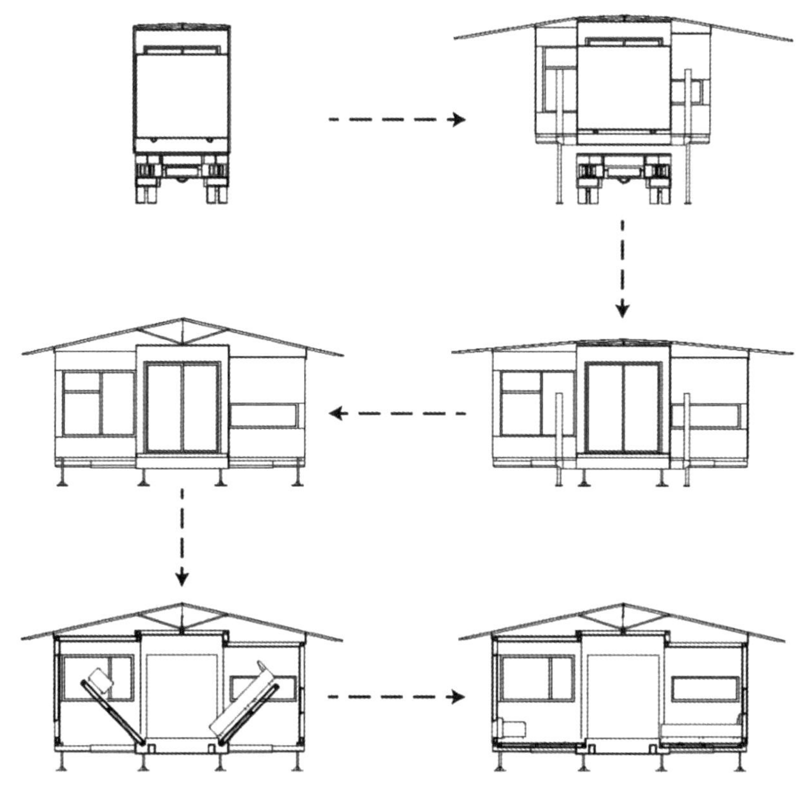

图 2.3-26　魔墅体系实现方式

建筑构件在工厂预制，依据构件分级装配原则在现场建造。一级构件在工厂进行生产，其易于加工和运输，可在减少现场工作量的同时提高构件运输效率；二级构件在工地工厂完成预组装，三级构件在工位完成装配。采用框式大构件分层组合的方式形成结构体，可将高空作业和复杂装配工序转移至地面进行，减少了高空作业量，保障了施工安全，同时提高了现场建造效率。

框式构件分级装配房屋技术体系具有标准化程度高、可快速建造、可重复拆装周转使用等特点，其除了可应用于城市中、低层房屋和住宅外，还可应用于乡村住宅、景区和生态脆弱地区周转型房屋、海岛自保障房屋等众多场景。

框式构件分级装配房屋系统采用建筑产品模式，保障全生命周期质量。其房屋技术体系通过更新迭代，不断进步与完善。目前框式构件分级装配房屋技术体系已经完成了八代产品研发和应用，已建造完成的代表性产品有江苏省绿色建筑博览园“梦想居”、南京溧水“孔家村村民活动中心”超低能耗房屋、2018 年国际太阳能十项全能竞赛“装配式产能房屋 C-HOUSE”系列房屋等，见图 2.3-27、图 2.3-28。

（a）“梦想居”鸟瞰　（b）“梦想居”人视图　（c）孔家村村民活动中心

图 2.3-27　框式构件分级装配房屋技术体系系列房屋产品

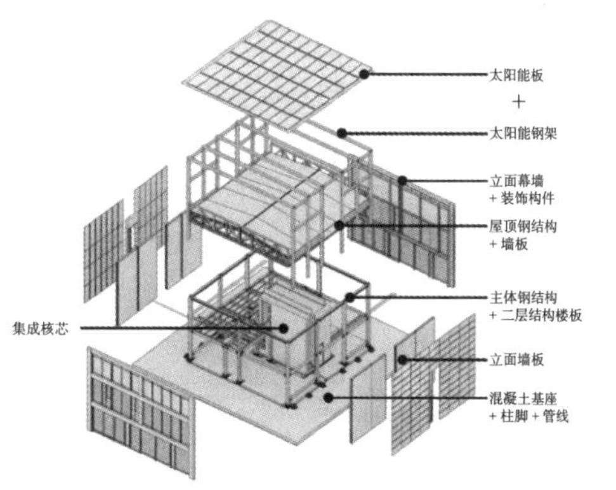

（a）框式构件现场装配　（b）框式分级装配房屋技术体系

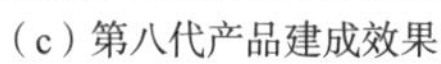

（c）第八代产品建成效果　（d）第八代产品室内建成效果

图 2.3-28　框式构件分级装配房屋技术体系第八代产品“装配式产能房屋 C-HOUSE”

第3章 产业篇

发展装配式建筑是一次真正的产业革命，它从根本上推动了建造方式的改变，使我国建筑产业由现阶段生产效率低、技术含量低、建筑品质低的状态向工业化、信息化、绿色化转变。本篇将对发展装配式建筑带来的江苏建筑产业变革进行全面的介绍和分析。

3.1 产业链概况

发展装配式建筑使得传统建筑业形成了全新的装配式建筑产业链，根据工程建设流程，可以分为设计、构件生产、施工和运维四个阶段，由建筑、结构和设备三个专业作为支撑。装配式建筑形成了一张全新的“产业网”，建筑、结构和设备这三个传统建筑业的支柱专业融合于全新的装配式建筑设计、构件生产、施工和运维四个全新的建设阶段中。产业链中每个组成部分均与其他部分存在着直接或间接的联系，各组成部分之间相互影响和依存，构成了一个立体多维度的产业集合。

在装配式建筑产业集合中，设计无疑是先导，也是产业链中的关键一环。相比于传统现浇建筑设计，装配式建筑设计更加复杂，需要考虑构件生产和施工的联系，例如大量安装工程（内装、幕墙、机电）需要在前期设计时准确确定，预埋件也需要在构件生产前进行设计布置，一体化设计成为连接装配式建筑产业链中各专业和各阶段的桥梁，这也对设计单位提出了更高的要求。

构件生产是装配式建筑独有的环节，将粗放的现场浇注施工转变为工厂内的工业化生产和装配化施工作业，将流动性较大的建筑工人转变为工厂内固定的产业工人，是装配式建筑质量提升的关键。此外构件生产基地内也需要布料机、振动台、流水线模台、升降摆渡车、起立机等机械设备，这些现代化装备制造需求也催生出了全新的建筑装备制造产业。

装配式建筑的发展还催生出全新的建造管理方式，包括新的承包管理模式和信息技术的应用。工程总承包模式（EPC）由于将工程建设项目的设计、采购、施工、试运行等全过程进行总承包，有利于一体化设计的实施，适合装配式建筑的发展，受到了越来越多的重视和应用。建筑信息模型技术（BIM）作为一种贯穿于建筑全生命期的三维数字模拟技术，通过可视化、虚拟化、协同化、数字化技术协调设计、施工、运维中的信息交流，以此实现一体化协同设计。

发展装配式建筑使建筑产业迎来了全面的挑战，也促进工程建设各阶段的企业逐步向精细化、工业化、信息化方向转变，培育了一批符合新时代新技术要求的现代化企业，形成了更加高质、高效的产业链。本章将对江苏省范围内装配式建筑产业的总体情况进行介绍，并介绍部分企业的成功经验。

3.2 设计研发

科研院所、设计单位、检测机构等设计研发类基地是装配式建筑发展的重要支撑，在装配式建筑方面具有较强的技术力量和科研创新能力，积极参与装配式建筑相关标准规范的编制，在推动装配式建筑发展方面具有先导作用。本节将介绍江苏省内有关科研单位、设计单位、检测单位的基本情况。

3.2.1 科研单位

（1）概况

江苏省高等院校和科研机构众多，科研创新实力雄厚，有一批高校、科研单位积极参与装配式建筑相关理论和技术研究，承担各类科技攻关工作，为推动江苏省装配式建筑发展做出了积极贡献。先后有15家科研单位被评为江苏省建筑产业现代化示范基地，涉及基础理论研究、施工技术研究、标准规范编制、职业技术培训等，见表3.2-1。

2015～2018年江苏省建筑产业现代化示范基地（科研单位） 表3.2-1

序号	地区	科研单位
1	南京市	江苏省建筑科学研究院有限公司
2	南京市	南京工业大学土木工程学院
3	南京市	东南大学土木工程学院
4	常州市	常州市建筑科学研究院股份有限公司
5	省属	东南大学工业化住宅与建筑工业研究所（东南大学建筑学院）
6	省属	江南大学
7	省属	江苏建筑职业技术学院（江苏建筑节能与建造技术协同创新中心）
8	省属	扬州工业职业技术学院
9	苏州市	苏州市建筑科学研究院集团股份有限公司
10	南通市	江苏省苏中建设集团
11	镇江市	江苏镇江建筑科学研究院集团股份有限公司
12	省属	江苏省工程建设标准站
13	省属	南京工大建设工程技术有限公司
14	扬州市	江苏省华建建设股份有限公司
15	省直	南京林业大学

（2）部分单位

1）江苏省建筑科学研究院有限公司

江苏省建筑科学研究院有限公司是一家科技型企业，公司设有建筑产业现代化研究中心，致力于建筑产业现代化方面的科研攻关、技术开发和成果转化。近年来建筑产业现代化研发工作取得了很大进展，开发新产品和技术6项，分别是水泥基灌浆料新产品1项、叠合层构件新旧混凝土粘结质量检测技术1项、浆锚搭接连接节点灌浆密实度的检测装置和方法1项、新型外围护墙体构件（一种结构自保温防水装饰一体化预制墙板及配套连接装置）1种、带窗洞的预制墙板及其安装拼接形式1种、混凝土结构施工整体周转钢模架及检测方法（一种钢结构架体静载试验加载装置）1种。

此外，还积极参与编制相关规范标准，包括《冲击回波法检测混凝土缺陷技术规程》《预制钢筋混凝土自承重保温墙板技术规程》《轻型木结构建筑构造图集》等。

2）南京工业大学土木工程学院

“十一五”以来，围绕建筑产业化，南京工业大学先后承担了国家自然科学基金重点项目、973课题、863课题、国家科技支撑计划等项目近100项。主持编制国家标准2部、行业标准2部、地方标准7部，参编各类标准15部；发表SCI论文和EI论文400余篇，授权发明专利40余项，PCT专利3项。获得国家科学技术进步奖二等奖1项、江苏省科学技术一等奖1项、福建省科技进步二等奖1项、军队科学技术二等奖1项。形成了完整的建筑产业现代化核心技术知识链，建成了一批有代表性的示范工程；同时大力推动知识资本化，以核心技术参股、控股了5家学科型公司；建立了省绿色建筑工程技术研究中心和南工大侯冲绿色低碳科技产业园。

3）东南大学土木工程学院

东南大学土木学科多年来在建筑工业化领域不断投入，进行技术研发、项目实践和人才培养，自2012年以来，着重以“新型建筑工业化协同创新中心”为载体协同国内土建领域的一流科研单位和企业单位进行深入合作。2014年至今，东南大学全力推进“南京江宁—中国建筑工业化创新示范特区”的创新载体建设，力争建设成为中国建筑工业化技术研发与应用基地、高端创新人才和高素质产业人才的培养基地、建筑工业化产品的展示体验场以及建筑工业化实验室的综合集群。

目前装配式建筑技术成果有12项创新技术，18项装配式建筑发明专利以及22篇核心期刊论文。科研方面，主编地方标准、导则6项，参编国家或地方标准4项以上；获江苏省科学技术奖2项；学院牵头的“装配式混凝土工业化建筑技术基础理论”项目获批2016年度“绿色建筑及建筑工业化”重点专项。在人才培养培训方面，学院开展各类讲座培训30多次，学员近万人次。

4）常州市建筑科学研究院股份有限公司

常州市建筑科学研究院股份有限公司取得国家认监委颁发的“认证机构批准书”，参与国家重点研发计划子课题项目“建筑部品与构配件产品质量认证与认证技术体系”，对多家企业预制构件进行了产品认证。

公司承担了住房城乡建设部科技计划项目“装配式建筑外围护系统防水技术与质量控制研究”。参与编制了《装配式建筑部品与部件认证通用规范》《混凝土预制构件外墙防水工程技术规程》等相关规范标准。完成装配式轻质内外墙板与楼地面系统成套技术、钢筋套筒灌浆接头、内外组合保温墙体、适用于预制构件厂的绿色高性能混凝土外加剂等多项技术的研发。先后获得装配式建筑相关专利17项，其中授权发明专利9项。

3.2.2 设计单位

（1）概况

江苏从2000年左右就开始了装配式建筑实践，设计单位在技术创新、体系研发等方面做出了诸多贡献，设计了一批示范工程，积累了丰富的设计经验。先后有25家设计单位被评为江苏省建筑产业现代化示范基地，见表3.2-2。

2015～2018年江苏省建筑产业现代化示范基地（设计单位）　　表3.2-2

序号	地区	设计单位
1	南京市	南京长江都市建筑设计股份有限公司
2	常州市	江苏筑森建筑设计有限公司
3	苏州市	苏州设计研究院股份有限公司
4	苏州市	苏州工业园区设计研究院股份有限公司
5	南京市	江苏省建筑设计研究院有限公司
6	南京市	江苏龙腾工程设计有限公司
7	徐州市	徐州中国矿业大学建筑设计咨询研究院有限公司
8	常州市	常州市规划设计院
9	南通市	南通市建筑设计研究院
10	连云港市	连云港市建筑设计研究院有限责任公司
11	淮安市	江苏美城建筑规划设计院有限公司
12	盐城市	盐城市建筑设计研究院有限公司
13	扬州市	扬州市建筑设计研究院
14	镇江市	江苏中森建筑设计有限公司
15	宿迁市	江苏政泰建筑设计有限公司
16	南京市	南京市建筑设计研究院有限责任公司
17	无锡市	无锡市建筑设计研究院有限责任公司
18	无锡市	江苏博森建筑设计有限公司
19	省直	南京大学建筑规划设计研究院
20	省直	东南大学建筑设计研究院有限公司
21	省直	南京工业大学建筑设计研究院
22	常州市	常州市武进建筑设计院有限公司
23	苏州市	苏州东吴建筑设计院有限责任公司
24	连云港市	江苏世博设计研究院有限公司
25	南通市	海门市建筑设计院有限公司

（2）部分企业

1）南京长江都市建筑设计股份有限公司

南京长江都市建筑设计股份有限公司是一家科技创新与工程设计相结合的设计企

业，获得国家级“高新技术企业”。该公司在建筑产业现代化技术研发方面建立了5大设计研发团队，能够提供工业化建筑方案设计、施工图设计、装修设计、预制构件产品设计、建筑信息化BIM、CATIA的模拟施工设计、构件生产与现场安装指导等整个建设全过程、一体化设计服务。

该公司设计的代表项目有：南京万科上坊全预制保障性住房项目、南京万科南站九都荟项目、南通海门老年公寓项目、宿迁铂金美寓项目、昆山花桥二期、南京丁家庄二期C地块保障性住房项目等，见图3.2-1、图3.2-2。

图 3.2-1 南京万科上坊保障性住房项目

图 3.2-2 南京万科南站九都荟项目

2）江苏筑森建筑设计股份有限公司

江苏筑森建筑设计股份有限公司于2014年成立建筑产业化研究中心，2016年与上海兴邦建筑技术有限公司联合出资组建筑森兴邦建筑工程技术有限公司，始终专注于装配式建筑的全过程一体化设计服务，以装配式建筑设计、技术咨询及专项研究为核心业务，涉及初步方案、方案优化、工程设计、构件深化设计、施工指导、专项施工等。目前已承接、完成装配式建筑设计项目数十项，涉及住宅、大型公建、商业、学校等多种建筑类型。近年来主要实施的装配式建筑项目有：常州金融广场二期、无锡万科信成道商业综合体、中海桃源里地库等。

3）启迪设计集团股份有限公司（原苏州设计研究院股份有限公司）

2012年，启迪设计集团股份有限公司与东南大学等5所高校、中国建筑科学研究院等15家企事业单位共同组建“新型建筑工业化协同创新中心”，以公共建筑、住宅建筑为主体，以符合现代工业化要求的结构体创新、设计创新、维护管理模式创新等先进工业化体系为突破口，建设了一批国内领先水平、国际一流创新水平的建筑工业化示范。

该公司设计的太仓裕沁庭锦苑项目23栋3层高的低层联排住宅楼采用积水住宅“工业化住宅 β 钢结构建筑系统”技术，具有建筑周期短、品质高、误差小、维护成本低等优势。设计的扬州体育公园体育场为三万座体育场，采用预制装配式清水混凝土看台，有效减小了超长混凝土看台的温度应力，加快施工进度，显著提高了建筑品质，见图3.2-3。该项目获得中国钢结构金奖、江苏省优秀工程建筑结构二等奖和全国优秀工程建筑结构三等奖。

图 3.2-3　扬州体育公园体育场项目

4）中衡设计集团股份有限公司（原苏州工业园区设计研究院股份有限公司）

中衡设计集团股份有限公司（原苏州工业园区设计研究院股份有限公司）是“中国—新加坡合作苏州工业园区”的首批建设者，全过程亲历者、见证者和实践者。2014 年 12 月 31 日成功上市，成为国内建筑设计领域第一家 IPO 上市公司。

该公司近几年在建筑产业化的体系（包括预制混凝土，钢结构及木结构）、标准制定等方面进行了深入研究，并与相关企业进行技术互补整合，形成工业化研发、设计、施工、检测及验收的 EPC 全产业链体系，获得了多项专利和软件著作权，并在装配式钢结构、装配式混凝土结构等领域进行了多个项目实践，如苏州广电现代传媒广场（图 3.2-4）、苏州湾文化中心和宿迁市宿城区文化体育中心等，建筑面积超过 300 万 m^2，其中苏州广电现代传媒广场项目获 2017 年度华夏建设科学技术奖一等奖和中国建筑工程鲁班奖等。

图 3.2-4　苏州广电现代传媒广场

3.2.3　检测单位

装配式建筑工程质量检测是装配式建筑发展过程中的重要环节。先后有 5 家检测单位被评为江苏省建筑产业现代化示范基地，见表 3.2-3。促进了江苏省装配式建筑工程质量检测技术应用，提高了江苏省装配式建筑工程质量检测水平。

江苏省建筑产业现代化示范基地（检测单位）　表 3.2-3

序号	地区	检测单位
1	南京市	江苏省建筑工程质量检测中心有限公司
2	南京市	南京市建筑安装工程质量检测中心
3	南京市	江苏方建质量鉴定检测有限公司
4	南京市	南京方圆建设工程材料检测中心
5	常州市	常州市安贞建设工程检测有限公司

3.3　集成应用

与传统现浇建筑相比，装配式建筑更加强调集成应用的能力，项目建设过程中策划、管理、设计、施工、部品构件生产等各个环节相互关联，需要具备较强组织协调能力和装配式建筑集成应用能力的企业来承担。随着装配式建筑产业的发展，一批大型施工企业建立起设计、研发、生产、建造相结合的应用机制，通过工程总承包（EPC）承接大型工程业务，在集成应用领域取得了积极进展。

3.3.1　概况

省内先后有 6 家大型施工企业被评为江苏省建筑产业现代化示范基地，他们在装配式建筑技术集成应用领域取得了一定的成绩，也建成了一批具有示范意义的工程项目，见表 3.3-1。

江苏省建筑产业现代化示范基地（施工企业）　　表 3.3-1

序号	地区	施工企业
1	南京市	南京大地建设集团有限责任公司
2	南通市	龙信建设集团有限公司
3	南通市	江苏中南建筑产业集团有限责任公司
4	南通市	江苏南通三建集团股份有限公司
5	扬州市	江苏华江建设集团有限公司
6	苏州市	中亿丰建设集团股份有限公司

3.3.2 部分企业简介

（1）南京大地建设集团

南京大地建设集团于 1998 年从法国引进了“预制预应力混凝土装配整体式框架结构体系（世构 scope 体系）”，通过消化、吸收和再创新，形成了新型结构体系设计、生产及施工成套技术，是国内新型建筑工业化发展中最早引进，也是发展应用最成熟的技术，至今已成功应用于 500 多万 m^2 的各类建筑。目前已经形成了投融资、新型建材部品制造、建筑施工及外经贸“四大板块”产业布局，能够完全覆盖建筑投融资、开发经营、住宅设计、建材与部品制造、建筑施工、装饰装修、质量检测、物业售后等产业链条所有环节，实现了“一站式”“一条龙”的国家住宅产业化集团模式。预制构件安装现场见图 3.3-1。

图 3.3-1　南京大地预制构件安装现场

（2）龙信建设集团有限公司

龙信建设集团有限公司是具有项目开发、策划、管理、设计、施工、部品构件生产、施工总承包等能力的产业集团，目前下设22个控股子公司。龙信集团PC工厂是具有国内一流现代化生产设备的建筑产业化预制构件生产基地，主要生产各种装配式预制混凝土墙、板、梁柱构件等，见图3.3-2、图3.3-3。

图3.3-2 海门龙信广场一期

图3.3-3 龙信建设混凝土构件生产基地

公司现已建立两大PC体系：框架结构预制装配技术体系以及剪力墙住宅预制装配技术体系，进行了多个工程实践，包括龙信老年公寓（采用PC装配式结构和CSI内装体系，适老化整体卫浴）、南通市政务中心停车楼（全国首例采用绿色设计、EPC模式的PC结构车库）等。

（3）江苏中南建筑产业集团有限责任公司

江苏中南建筑产业集团有限责任公司是一家具有项目开发、策划、管理、设计、施工、部品构件生产等能力的产业集团。公司研发的预制装配整体式剪力墙结构体系（简称NPC体系）获得了2009年度中国施工企业管理协会科学技术奖技术创新成果一等奖，已成功运用于建筑多层住宅、高层住宅、酒店、办公楼等各类型建筑项目，代表项目有海门中南世纪城96号楼，建筑高度超100m，预制率超90%，见图3.3-4、图3.3-5。

图 3.3-4　江苏中南混凝土墙板自动生产线

图 3.3-5　海门中南世纪城 96 号楼

3.4 构件生产

装配式建筑最显著的特征就是将梁、板、柱、楼梯、墙等结构单元变成一种工业化生产的预制构件，预制构件在工厂完成生产后再运输到施工现场进行安装，因此构件生产成为装配式建筑建造过程中最为基础而独特的环节。不同的装配式建筑需要不同的预制构件生产基地，此外装配式建筑中的墙板也常使用陶粒墙板、ALC 板等轻质墙板，需要专门的生产基地进行生产。

3.4.1 混凝土建筑预制构件生产基地

（1）概况

装配式混凝土建筑预制构件生产基地主要采用固定模台、移动模台、振动模台等工业化设备生产混凝土预制构件，通过集中化生产提高生产效率，保证产品质量，减少环境污染。

各设区市对装配式混凝土建筑的应用都非常重视，纷纷制定了装配式建筑发展规划和政策，在年度工作计划中严格落实，大力培育和扶持先进企业和示范基地建设，极大地推动了装配式混凝土建筑的发展，见表 3.4-1。

2016 ~ 2018 年江苏省各设区市预制“三板”生产企业数量增长统计　　表 3.4-1

地区	2016 年数量	2017 年数量	2018 年数量
南京	5	8	9
无锡	2	4	4
徐州	2	5	8

续表

地区	2016年数量	2017年数量	2018年数量
常州	5	8	10
苏州	6	7	13
南通	3	3	13
连云港	1	2	3
淮安	2	3	6
盐城	3	5	5
扬州	0	6	10
镇江	2	4	4
泰州	1	2	5
宿迁	1	1	3
合计	35	53	93

（2）部分企业

1）常州中铁城建构件有限公司

常州中铁城建构件有限公司通过资本运营、物资采购、生产管理等一体化方面的资源优化配置，着力提升全过程综合承包能力。公司开展创新研发，优化产品技术体系，提升产品质量，促进信息技术应用创新能力建设，将信息化技术应用于部品设计、生产与施工全过程，全面推动企业转型发展。

公司深入开展技术研发工作，与具有先进人才及技术优势的央企、高校、研究院等单位开展长期合作，优势互补形成合力，加快装配式建筑技术体系研发和产品优化进度，已取得国家发明专利12项，实用新型专利17项。除生产特种预制构件的地铁盾构管片外，拓展研发生产预制混凝土售货亭、保安亭、全PC化的公厕、叠合楼板、外墙板、楼梯板等装配式混凝土预制构件，已具有20万m^2的预制构件生产能力，见图3.4-1。

图3.4-1 常州中铁城建生产车间

2）长沙远大住宅工业（江苏）有限公司

长沙远大住宅工业（江苏）有限公司是远大住工在江苏的全资子公司。生产基地位于江苏省溧阳市。该基地包含了 3 条 PC 构件生产线及 1 条钢筋加工线，同时建设有混凝土搅拌中心与材料实验室，年产能达到 90 万 m^2，见图 3.4-2。

图 3.4-2　长沙远大住宅工业（江苏）混凝土构件生产线

公司重视核心技术自主研发工作，设有技术研发中心、实验室和技术工艺部，开展了装配式预制剪力墙连接技术、预制构件连接组件、现浇梁截面挂钩对拉固定连接结构研究等 16 项研发，并先后取得 10 多项专利，并与南京市建筑设计研究院有限公司、中冶建工集团有限公司等签订战略合作协议，提高产品的技术创新性。已拥有专业齐全、配套的员工队伍，加强了企业的自主创新与研发能力。目前生产包括预制墙板、叠合楼板、叠合梁、楼梯、阳台、空调板、飘窗等各类构件。

3）江苏绿野建筑发展有限公司

江苏绿野建筑发展有限公司依托南京绿野建设集团有限公司设计院（江苏南方城建设计咨询有限公司），开展装配式建筑设计及构件加工图深化设计。2018 年，基地配备 5 套装配式建筑 PKPM-PC/BIM 设计软件，已在多个装配式建筑工程设计中应用，提高了设计效率。

江苏绿野建筑发展有限公司预制构件生产厂房占地面积 1.2 万 m^2，配备一条预制构件环形生产线、钢筋加工线及一条固定台模生产线，同时配套设施有搅拌站生产线 2 条。截至 2018 年底，完成办公楼和构件生产基地的建设，基地已为 10 万 m^2 装配式建筑提供构件，见图 3.4-3。

图 3.4-3　江苏绿野预制混凝土构件生产线

4）江苏华江祥瑞现代建筑发展有限公司

江苏华江祥瑞现代建筑发展有限公司是江苏华江建设集团旗下的集科研、设计、生产、施工为一体的现代化高新技术企业。生产基地采用先进的智能化流水线生产工艺流程，以系统集成数控生产线、成套组合钢模等技术手段实行预制部品构件的精细化生产，并不断把技术创新应用到生产实践中。目前共拥有 PC 构件生产线 5 条，年产能约 10 万 m^3，主要产品为预制叠合板、墙板、楼梯、梁柱、阳台以及为施工配套的预制道路、预制围墙等，见图 3.4-4。

通过与东南大学、同济大学、江南大学、扬州大学等高校产学研密切合作，组建了预制装配式建筑工程技术研究中心和省企业研究生工作站等平台，加强装配式建筑科学及应用技术研究，开展新科技的孵化和产业化工作。近三年来，企业累计获得装配式建筑类专利授权 15 项，获得江苏省科学技术奖一等奖一项。

图 3.4-4　江苏华江祥瑞 PC 构件生产线

5）江苏元大建筑科技有限公司

江苏元大建筑科技有限公司从德国引进了混凝土预制构件自动化生产线1条，从奥地利引进桁架楼承板自动化生产线1条，购置国产各类配套设备156台（套），自行设计制造的固定模台生产线2条，见图3.4-5。该公司形成了以BIM应用为主线的装配式建筑部品构件标准化设计、系列化开发、工厂化生产、通用化装配、集约化供应的成套技术和能力。

该公司生产的预制混凝土构件主要应用于公共建筑、工业厂房、商业用房、住宅以及市政基础设施，钢结构构件已推广应用于南京青奥会议中心、天津渤海银行、杭州捍联大厦、武汉菩提金国际金融中心等10余个公共建筑项目。

图3.4-5　江苏元大全自动化数控预制混凝土构件生产线

3.4.2　钢结构建筑预制构件生产基地

（1）概况

近年来随着国家对装配式建筑产业的大力推进，钢结构建筑越来越受到重视，轻钢结构住宅等钢结构住宅也得到更多的应用，江苏依托原有的一批钢结构生产企业，形成了一批钢结构建筑预制构件生产基地。

（2）部分企业

1）徐州飞虹网架建设有限公司

徐州飞虹网架建设有限公司是一家以钢结构设计加工为优势特色，预制混凝土结构生产为补充的综合性建筑部品生产企业。公司与东南大学开展产学研合作，研发出新型装配式钢结构预制RC板住宅体系，解决传统钢结构住宅抗震性能差，施工繁杂等问题，装配式钢结构住宅整体装配率超过90%。

近年来，公司着力研发重型钢结构和住宅钢结构产品，并不断扩大产能，掌握空间结构高精尖技术，向高层、超高层、大跨度领域拓展。公司目前拥有 5 条轻钢结构自动生产线、1 条全自动重钢结构生产线、1 条全自动箱体梁焊接生产线、2 条相贯节点钢管加工生产线、多条网架杆件、球加工生产线，见图 3.4-6。钢结构部品年产能突破 30 万 m^2，建设的深圳宝安体育馆、重庆卷烟厂网架等工程荣获“中国建筑结构金奖”。

图 3.4-6　徐州飞虹网架钢结构部品部件生产车间

2）徐州中煤百甲重钢科技股份有限公司

徐州中煤百甲重钢科技股份有限公司为客户提供钢结构领域的设计咨询、加工制造、现场安装、维护等全过程解决方案和服务。现已开发出四大系列、十四种产品，包括轻钢建筑系列、钢网架建筑系列、重钢建筑系列、设备钢结构系列，生产线见图 3.4-7。其中，超大跨度储料穹顶、大跨度输送栈桥、单层及多高层框架钢结构建筑体系是特色产品。超大跨度网架结构储料仓穹顶有球壳和穹壳两种结构形式，广泛应用于煤炭、煤化工、水泥、电力、化工等行业，承建的霍林河露天煤业股份公司的 20 万吨储煤仓荣获中国建筑钢结构金奖。

图 3.4-7　徐州中煤百甲钢结构生产线

3.4.3 木结构建筑预制构件生产基地

与传统的手工制作榫卯连接的古代木结构不同，装配式木结构采用新材料、新工艺和工厂化的精确化生产，更具绿色环保、舒适耐久、保温节能、结构安全等优势。在建造过程中，采用标准化设计、构件工厂化生产和信息化管理、现场装配的方式，实现了施工周期短、质量可控等优势。工厂制作加工的装配式木结构部品部件包括内外墙板、梁、柱、楼板、楼梯等，采用原木、胶合木及其他木基结构板材或石膏板材制作而成。目前江苏省木结构部品部件生产基地数量较少，还处于起步发展阶段。

3.4.4 轻质板墙构件生产基地

（1）概况

常用的非承重轻质墙板包括蒸压轻质加气混凝土墙板（ALC 板）、钢筋陶粒混凝土轻质墙板等。蒸压轻质加气混凝土墙板经过高温、高压、蒸汽养护而成，是一种性能优越新型轻质建筑材料，具有轻质高强、保温隔热、耐火抗震、隔声防渗、抗冻耐久等性能。钢筋陶粒混凝土轻质墙板是以轻骨料混凝土为基料，内置钢网架，经浇筑成型、养护而制成的轻质条型墙板。钢筋陶粒混凝土轻质墙板质量轻，强度高，耐火性能好，保温性能强，施工便捷，是一种节能环保、可回收利用的绿色材料。江苏已有一批企业提供此类轻质墙板构件。

（2）部分企业

1）南京旭建新型建材股份有限公司

南京旭建新型建材股份有限公司建设了国内首条蒸汽轻质加气混凝土板（NALC 板）钢结构单元房生产线，见图 3.4-8，实现从开发 NALC 新产品制造应用技术到开发 NALC 板钢结构单元房制造应用技术的产业升级。该企业将 80% 的建筑安装工作量和装修工程在工厂生产线上完成，不产生任何建筑垃圾，有效降低建筑成本、物流运输成本，并提高了建筑物各个环节的质量。NALC 板预制成品房将新型节能建材、装饰装修材料、高抗震钢结构体系以及设计土建装修施工和技术服务的全部工作进行了产业化整合，将传统建材制造提升为房屋商品制造。

2）常州绿建板业有限公司

常州绿建板业有限公司设计研发和生产的发泡水泥复合板（以下简称“太空板”）是一种新型建筑板材，以定制的钢围框以及拥有独立知识产权的专利产品——发泡水泥芯材，辅之以钢筋桁架和上下水泥面层等材料复合而成。产品生产装备自动化程度

图 3.4-8　南京旭建 NALC 板材生产线

和标准化程度高（图 3.4-9），具有良好的节能、环保、隔声、保温性能，可再生利用，太空板的应用减少建筑垃圾，满足建筑可持续发展要求。

公司参与编制的《钢框架发泡水泥芯材复合板》GB/T 33499—2017 已发布实施。公司依托太空智造进行设备自动化改造、产品升级、BIM 技术研发等工作，截至 2018 年底，已取得 21 项发明和实用新型专利，参与十多项装配式建筑工程项目建设。

图 3.4-9　常州绿建板业太空板生产线

3）江苏建华新型墙材有限公司

江苏建华新型墙材有限公司致力于研究内隔墙板方面相关生产技术，自主独立研发出保温型蒸压陶粒混凝土墙板技术，并取得国家发明专利。陶粒混凝土轻质隔墙条板年产能 200 万 m^2，车间内景见图 3.4-10。公司已参与建筑的项目有镇江新城市花园 3 期、镇江七里甸社区卫生院照片、南京阿尔卡迪亚国际酒店、南京翠屏国际金融中心、深圳东海商务中心、香港房屋署赤柱工程等。

图 3.4-10　江苏建华新型墙材车间内景

3.4.5　设备制造企业

装配式建筑建造过程中涉及诸多的设备机具，专业的运输车辆和吊装固定设备可以保证施工的快速便捷，同时保证预制构件在施工过程中不被破坏损伤。此外构件生产基地内也需要布料机、振动台、流水线模台、升降摆渡车、起立机等机械设备，现代化装备制造需求催生出了全新的装备制造产业。

第4章 示范推进篇

从2015年以来，江苏省开展了建筑产业现代化试点示范工作，通过重点城市、重点区域和重点项目的示范引领，引导相关产业集聚，由点带面在装配式建筑的关键技术、关键领域取得重点突破，带动全省装配式建筑稳步有序发展。省财政每年安排资金支持省级建筑产业现代化示范城市、示范基地和示范工程项目的建设，重点支持建筑产业现代化技术和产品的普及应用，取得了阶段性成绩。

4.1 基本情况

江苏省已创建12个省级建筑产业现代化示范城市、150个示范基地、68个示范工程项目、4个示范园区和5个人才实训基地，覆盖所有设区市。除此之外2017年首次明确对采用装配式建筑技术进行建造的保障性安居工程给予不超过300元/m^2的奖励，并将新农村建设的装配式建筑纳入奖补范围。

4.2 示范管理

2015～2018年，省住房城乡建设厅会同省财政厅每年组织开展省级示范创建工作。各市、县（市）住房城乡建设主管部门会同财政部门组织本地企业和工程项目进行示范申报。省住房城乡建设厅、省财政厅组织对申报项目进行初审、评审、公示、批复下达。同时定期组织开展省级建筑产业现代化示范城市督查工作和各类示范的中期评估工作，形成督查报告和中期评估报告。

4.3 示范成果

4.3.1 装配式混凝土结构示范工程项目

（1）南京市万科九都荟花园 E-04# 楼、F-04# 楼、G-02# 楼

南京市万科九都荟花园项目包括三栋单体建筑，其中 E-04# 楼共 19 层，高度为 61.05m，采用装配整体式框架剪力墙结构；F-04# 楼共 15 层，高 49.05m，G-02# 楼共 13 层，高 43.05m，F-04# 与 G-02# 均采用装配整体式框架结构。项目实景见图 4.3-1。

项目通过结构体系与施工技术整合创新，实现无外脚手架，无现场砌筑、无抹灰的绿色施工。四层以上柱、梁、楼梯、叠合楼板等结构构件均采用工厂预制、现场现浇连接。本工程项目采用 BIM 技术实现设备管线空间模拟安装，用 CATIA 软件实现了预制构件模拟施工、构件拼装节点的检验及构件碰撞检查。

图 4.3-1　南京市万科九都荟花园实景图

（2）南京市丁家庄二期 C 地块保障房

南京市丁家庄二期 C 地块保障房项目由六栋装配式高层公租房与三层商业裙房组成。其中 3# 楼为 28 层，4# 楼为 30 层，其余楼均为 27 层。项目结构形式为内浇外挂式剪力墙结构体系。项目实景见图 4.3-2。

本工程项目采用叠合楼板、预制阳台板及预制楼梯梯段，外山墙全部采用预制装配式三合一夹心保温剪力墙，内围护填充墙体均采用成品板材。预制构件全部在工厂

生产加工，现场机械化装配，实现了项目设计建造标准化、工业化。项目东西山墙采用预制剪力墙夹心保温体系，在保证了结构安全性的同时，兼顾了建筑的保温节能要求和建筑立面艺术效果，并使模板用量以及现场模板支撑及钢筋绑扎的工作量大大减少。项目使用铝合金模板施工，小型构件与主体结构一次成型，成型质量好，免抹灰，从根本上解决混凝土结构抹灰易开裂现象。

本工程项目装修设计与建筑设计同步进行，避免土建竣工后的二次装修对已有建筑构件的破坏，减少材料浪费，降低装修成本。

图 4.3-2　南京市丁家庄二期 C 地块保障房实景图

（3）南京市万科 G51 地块

南京市万科 G51 地块项目类型为住宅，其中 1-8# 楼 15 层，9-11# 楼 27 层，采用预制装配整体式剪力墙结构体系。项目实景见图 4.3-3（a）。

预制技术在本工程的应用范围包括：楼板采用预制预应力混凝土叠合板，标准层

（a）实景图

（b）施工现场图

图 4.3-3　南京市万科 G51 地块

楼梯采用预制混凝土梯板，阳台采用预制混凝土叠合阳台板。

G51 地块项目内填充墙和外墙板均采用成品陶粒混凝土板材，具有重量轻、隔音好、成本低等优势。

本工程项目使用的铝合金建筑模板系统为快拆模系统，施工方便，拆模后混凝土表面平整光洁，可达到饰面及清水混凝土的要求。施工现场见图 4.3-3（b）。

（4）南京市中瑞银丰 01-04# 厂房、05# 存储区、06# 配电房及地下室

南京市中瑞银丰项目装配式建筑技术应用部分包含四栋厂房，其中 1# 厂房为原有厂房改造，建筑高度 15m；2# 厂房为新建单层厂房，建筑高度 13.3m；3#、4# 厂房地下 1 层，地上 6 层，建筑高度 26.7m。1#、2# 厂房选用装配式排架结构体系，3#、4# 厂房选用装配整体式框架结构体系。项目实景见图 4.3-4（a）。

本工程项目采用了预制预应力混凝土装配整体式框架结构体系和预制外保温一体化混凝土混凝土墙板体系，根据工程实际应用情况编制的《预制外保温一体化混凝土混凝土墙板》GJEJGF114—2012 获得国家二级工法。施工现场见图 4.3-4（b）。

（a）实景图

（b）施工现场图

图 4.3-4 南京市中瑞银丰

（5）万科城 B1 地块 B1-1#、B1-2#

徐州万科城项目单体建筑地下 1 层，地上 18 层，地上结构总高 52.5m，单栋地上建筑面积 6179.33m^2，地下建筑 336.48m^2，两栋总建筑面积为 13031.62m^2。

结构体系为剪力墙结构。建筑 1 ~ 18 层均为相同标准层，采用 PC 构件装配式施工技术，标准层层高为 2.9m。预制外墙部分采用外挂墙板体系（俗称“内浇外挂体体系”），B1-1#、B1-2# 楼从一层开始使用 PC 预制构件，并使用落地架防护结构。南立面飘窗外挂墙板、叠合阳台板、空调设备平台板和楼梯均为预制构件，内隔墙采用轻

质陶粒隔墙板。两栋楼均采用大钢模免抹灰技术、新风系统技术、卫生间同层排水技术、外墙爬架技术，采用标准化门窗、泵送商品混凝土技术、电渣压力焊钢筋连接技术、计算机管理技术等新技术，新工艺加快施工进度。

（6）常州市新城帝景北区33#、36#楼

常州新城帝景北区33#、36#楼为商品住宅，其中33号楼地上31层，建筑高度95.2m；36号楼地上31层，建筑高度99.7m。项目采用装配整体式剪力墙结构。项目实景见图4.3-5（a）。

新城帝景项目主要应用了预制剪力墙板、叠合梁、叠合板、预制楼梯等构件，预制装配率达到63%。项目采用了插入式预留孔灌浆钢筋搭接连接构件技术、预制混凝土构件水平连接方法、跨度内应用钢筋180°弯锚连接的混凝土叠合板技术、钢筋锚板技术、预制楼梯斜板与现浇楼梯梁简支连接技术等成套技术，提高了建造效率，保障了项目建设质量。

项目应用了大量预制构件，对构件设计、生产和装配精度要求高，结合全装修的交付标准，通过BIM建模方式将建筑、结构、PC、室内、机电各专业进行整合，进行碰撞检测、施工模拟等工作，从设计源头把握各环节的准确性，方便后期生产，减少施工误差，保障项目施工质量和进度。施工现场见图4.3-5（b）。

（a）实景图

（a）施工现场图

图4.3-5 常州市新城帝景

（7）花桥国际社区一期住宅楼

花桥国际社区一期住宅楼项目结构采用装配式剪力墙结构体系，共有 28 栋 11 至 38 层的高层住宅，11 栋 7 至 9 层的中高层住宅，3 栋 5 至 6 层的多层住宅，11 栋 1 至 5 层的商业用房。装配式结构建筑面积 48115m^2，总高度约为 100m。

本示范工程在建造过程中使用装配式建筑技术、装配式整体卫浴、塑料模板体系、爬升式脚手架和全过程前置施工等技术，在标准层采用预制装配体系，外墙墙板、空调板及楼梯采用成品构件。内装部品采用集成式卫生间、成品栏杆、集成吊顶等部品。利用 BIM 模型统计工程量信息，评估成本变化，通过 BIM 技术模拟施工，控制工程进度。

（8）海门市龙馨家园老年公寓

海门市龙馨家园老年公寓为居住养老服务精装修成品房项目，地上 25 层，地下 2 层，地下 2 层至地上 2 层为公共配套空间 ,3 层至 25 层为公寓房间，占地面积约为 5164m^2，总建筑面积为 21293m^2，建筑高度为 82.6m，采用预制装配整体式框架 - 剪力墙结构体系（预制框架 + 现浇剪力墙）。项目实景见图 4.3-6。

图 4.3-6　海门龙馨家园老年公寓实景图

本工程 4 层楼面以上采用预制装配技术，使用了预制混凝土框架柱、预制混凝土叠合梁、预制混凝土叠合板、预制楼梯、预制混凝土外挂墙板等预制构件，项目预制装配率达到 80%。利用架空地板、吊顶和墙面夹层等架空层来实现结构体与填充体的分离，以便灵活分隔空间、布置管道，避免二次装修对主体结构的破坏。并针对老年公寓的特点设置了火灾自动报警系统、视频安防监控系统、呼叫报警系统、室内空气监测系统等，全面保障老年人居住生活安全与健康。施工现场见图 4.3-7。

图 4.3-7　海门龙馨家园老年公寓施工现场图

（9）海门市运杰龙馨家园三期

海门市运杰龙馨家园三期项目为精装修成品房项目，总建筑面积 115904m^2，地上 18 层，其中 3 ~ 16 层采用预制装配整体式剪力墙结构和预制装配式 PCF 结构体系。项目实景见图 4.3-8（a）。

龙馨家园三期项目外墙采用预制混凝土及保温合一的外挂 PCF 墙板，楼板采用预制混凝土叠合板，标准层楼梯采用预制混凝土梯板，填充墙采用蒸压轻质加气混凝土板材（NALC 板）。预制构件均在工厂加工，实现了标准化，预制化。施工现场见图 4.3-8（b）。

（a）实景图

（b）施工现场图

图 4.3-8　海门市运杰龙馨家园三期

本工程项目利用 BIM 技术对设备专业管线的空间进行建模，避免设备管线间的碰撞，提高设备管线协调效率，在设计阶段保障施工过程顺利进行。建立建筑信息模型，详细记录构件和设备从设计到施工以及运维过程中的所有信息。

（10）南京中南世纪雅苑 A 地块（5 号、9 号楼）

南京中南世纪雅苑 5 号、9 号住宅建筑高度为 99.6m；两栋楼总建筑面积为 27432.4m^2，总用地面积为 1696.7m^2。项目采用全预制装配整体式结构体系（NPC 结构体系），预制的构件包括钢筋混凝土墙、柱、叠合梁板、楼梯等。项目单体预制率达到 80%。采用标准化门窗和整体厨卫等部品，成品住房交付。项目实景见图 4.3-9（a）。

（a）实景图

（b）施工现场图

图 4.3-9　南京中南世纪雅苑

工程采用全预制装配整体式结构体系，预制构件包括钢筋混凝土墙、柱、叠合梁板、楼梯等，单体预制率高，采用标准化门窗和整体厨卫等部品。窗框一体化技术所有窗框均预埋于预制墙板中，一方面通过工厂生产提高窗框预埋的生产质量，另一方面，减少了后期安装窗框的麻烦。使用铝合金建筑模板系统，提高模板周转效率，降低传统木模板资源环境消耗；能够将标准层的作业时间控制为每 5 天一层，提高了施工速度。施工现场见图 4.3-9（b）。

（11）江苏华江科技研发中心

江苏华江科技研发中心项目面积 7073m^2，框架结构，分三个单体工程，A 栋主楼为地上三层、地下一层；B 栋附楼为地上两层；C 栋为一层、层高 6.9m 的学术报告厅。通过结构体系与施工技术整合创新，实现柱、梁、地下室墙板和“三板”（叠合楼板、内外墙板、楼梯板）等结构构件的最大工业化程度，预制装配率达 76.69%。项目实景见图 4.3-10。

图 4.3-10 江苏华江科技研发中心实景图

单元标准化使得建筑平面布局合理、规则有序。预制构件及部品采用模数化、标准化设计，降低成本、方便安装。预制构件的连接采用构造简单、可靠的标准化连接方式，降低了施工难度，节约了成本，提高了施工效率。利用 BIM 检测碰撞冲突位置并生成报告，提高设备管线协调效率，缩短设计周期，保障施工过程的顺利进行，见图 4.3-11。

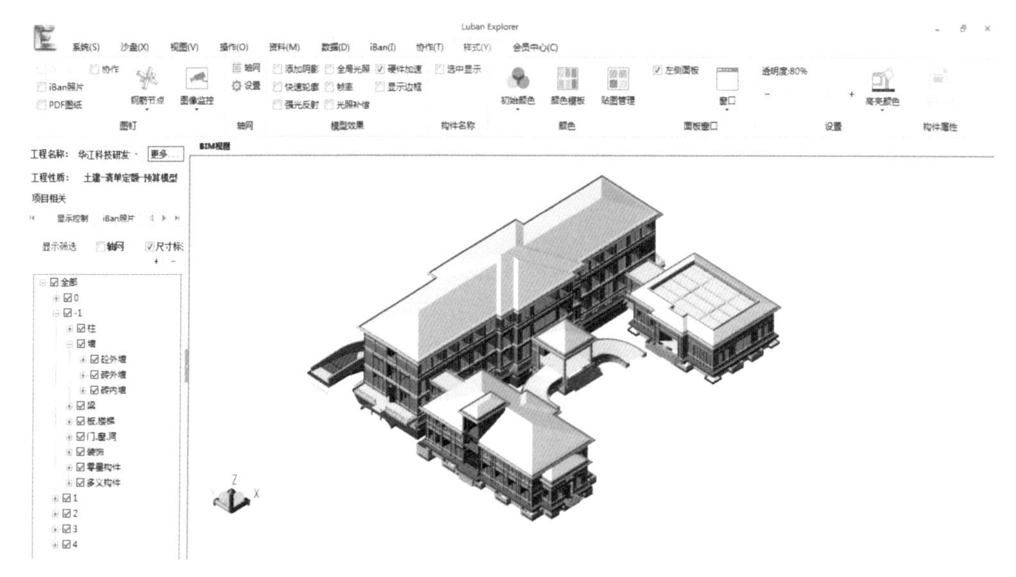

图 4.3-11　江苏华江科技研发中心三维模型

（12）镇江市万科沁园

镇江万科沁园项目包括 4 幢 30 至 32 层高层住宅，高度为 86.3m 至 91.9m，采用装配式剪力墙结构体系。项目实景见图 4.3-12（a）。

万科沁园标准层楼梯采用预制混凝土梯段板，内隔墙采用陶粒混凝土板材，在墙体转角、门垛和丁字部位使用预制的 L 型和 T 型板。本工程采用的铝制模板与传统木模板相比，具有重复使用次数多，施工效率高，成型效果好等特点，能够提高住宅主体结构精度，保证施工质量。外脚手架采用整体爬架体系，能够减少外加搭设及拆除人工，为穿插施工提供前提条件，显著提升安全性能。施工现场见图 4.3-12（b）。

（a）实景图

（b）施工现场图

图 4.3-12　镇江市万科沁园

（13）南通政务中心北侧停车综合楼

南通政务中心北侧停车综合楼位于南通市政务中心北侧地块，总建筑面积48972.21m^2，总高度57.15m。工程采用预制装配式混凝土结构形式，建筑主体结构预制装配率约53.3%，同时建筑内外墙板采用工业化产品，装配率达93%，主体结构、围护结构及栏杆等部品构件采用预制装配施工。项目实景图见图4.3-13。

图 4.3-13 南通政务中心北侧停车综合楼实景图

采用日本鹿岛体系的预制装配式整体技术（基于日本的套筒连接技术体系），综合润泰体系、世构体系的优点进行技术创新，整合为自有框架技术。采用BIM技术进行可视化设计与施工、制作管理，柱采用套筒连接技术，叠合梁与柱结合部位的连接采用键槽连接技术，预制梁叠合层钢筋在边柱及角柱中的锚固采用螺纹端锚板形式，避免了梁柱钢筋碰撞绑扎困难的问题，预制梁、柱增加PC外模板达到取消外模板和外脚手的目的，采用CSI技术整合内外装饰及水、电装修。

（14）海门市龙信广场一期

海门市龙信广场一期项目包括高层住宅6栋，多层商业5栋，配套用房1栋。其中5#楼地上30层，地下一层，采用预制装配整体式剪力墙结构体系。项目实景见图4.3-14（a）。

本工程项目内外剪力墙、阳台板、楼板、楼梯、暗柱转角PCF板均采用预制装配式混凝土构件施工，其中外围剪力墙采用的三明治式PC墙板，包括60mm厚预制混凝土+45mm厚保温层，经多次试验，证明该体系具有良好的保温隔热效果。

龙信广场一期所有住宅均为高品质精装修成品房，装饰装配率达100%，项目实施过程中设计、采购、土建、装修一体化施工，避免因工序之间的穿插造成的返工现象。施工现场见图4.3-14（b）。

（a）实景图

（b）施工现场图

图 4.3-14 海门市龙信广场一期

4.3.2 装配式钢结构示范工程项目

（1）姑苏裕沁庭（东区）多层住宅

姑苏裕沁庭项目建筑面积为 26725m^2, 由 20 栋多层联排住宅组成，共 74 户，全部为精装成品房。项目采用抗震性能强的 β 系统钢结构体系，通过内外装修一体化装配式技术设计施工，预制装配率达 100%。项目实景见图 4.3-15（a）。

项目主体结构为钢结构，采用预制混凝土外挂墙板，ALC 楼板等预制构件。钢结构 β 体系具有抗震、防火、耐用、安全、施工便捷等特点，能够实现快速建造，将整体建设周期缩短至 6 ~ 8 个月。施工现场见图 4.3-15（b）。

（a）实景图

（b）施工现场图

图 4.3-15 姑苏裕沁庭（东区）多层住宅

（2）太湖论坛城 7 号地块

苏州太湖论坛城 7 号地块项目由 12 栋 17 层的高层住宅组成，容积率不大于 1.8，设计限高 50m，总用地面积为 66452m²，总建筑面积达 143521m²。

本示范工程采用装配整体式混凝土剪力墙结构体系，单体预制率为 65%，装配率为 60%，装饰装修的内轻质隔墙装配化率为 75%。苏州太湖论坛城 7 号地块项目外墙保温采用保温板与预制构件一体化施工的方式，有效解决了外墙及门窗框渗漏水的问题。项目使用建筑信息模型技术进行模拟设计施工，使得建筑部品实现大规模、工厂化、连续制造，有效降低成本。

（3）昆山中南世纪城 21 号楼

昆山中南世纪城 21 号楼钢结构住宅项目占地面积为 595m²，总建筑面积为 15410.44m²。地上 33 层，预制装配率 90%。采用钢框架 - 中心支撑结构体系，设计抗震设防烈度为 7 度，结构安全等级为二级，结构重要性系数为 1.0。采用的钢结构住宅体系主要包括高频焊接方钢管混凝土柱、热扎 H 型钢梁、钢筋桁架楼承板、预制装配式墙面板。

工程采用钢框架 - 中心支撑结构体系，具有承载力高，抗震性能好，材料损耗少，结构强度高等优点，施工现场见图 4.3-16。

图 4.3-16　昆山中南世纪城施工现场图

4.3.3　装配式木结构示范工程项目

苏州太湖御玲珑花园

苏州太湖御玲珑花园项目占地面积 24267m²，建筑总面积为 39322.13m²，共 16 栋居住成品住宅。4 栋多层住宅为地下车库一层加地上 7 层建筑，12 栋低层住宅为地下一层，地上三层建筑。多层住宅为钢筋混凝土框架结构，低层住宅为木结构。

建筑墙体采用了木结构附加呼吸膜组成的生态墙，如同人体的皮肤一般阻隔外界水汽，调节室内温度，在不借助任何设备的情况下，最大限度地保持室内的舒适宜人。由于在同等条件下，木结构内墙的保温、隔声等性能优于混凝土建筑，因此木结构内墙相对其他内墙所占空间更少，得房率高。住宅的生态墙以及室内装饰等采用了标准化、工厂化生产，现场拼装。能够赋予住宅更高的质量，也为今后的维修保养提供了便利。项目相关图片见图 4.3-17。

（a）实景图

（b）施工现场图

图 4.3-17　苏州太湖御玲珑花园

4.3.4　装配式组合结构示范工程项目

（1）镇江新区港南路公租房

镇江新区港南路公租房项目总体结构体系为钢筋混凝土核心筒 + 模块结构体系，采用威信 3D 模块建筑技术体系，分为现场施工部分和工厂建造部分两大块，建筑施工分别在现场与工厂同时进行，在现场完成地下车库、主体地下二层、地下一层以及主体地上核心筒部分的施工。除以上部分，主体地上建筑均为工厂建造的模块，模块建造完成后运至现场，围绕核心筒进行搭建，并完成整个建筑物的保温及外装饰面层的施工。地上建筑皆为工厂预制，并实现了高度集成，主体结构和装修同时工厂预制，包括地上部分和地下部分在内的建筑整体预制率达 71% 以上。模块在横向和竖向上都相互固定，并横向连接在核心筒上，承重墙上下对齐，每个住宅套型由 2 ~ 3 个模块构成，每个模块由混凝土楼板、钢密柱墙体及顶棚桁架组成，模块内由非承重墙分隔成不同的房间。施工现场见图 4.3-18。

该技术将建筑的功能空间设计划分成若干个尺寸适宜运输的多面体空间模块，根据标准化生产流程和严格的质量控制体系，在流水生产线上制作并完成室内装修，水电管线、设备设施、卫生器具以及家具等安装。模块运输至现场只需完成吊装、连接、外墙装饰以及市政绿化。具有工业化程度高、高度集成、可建高层建筑、设计施工灵活、节能环保、建造速度快、劳动生产率高、性价比高、可回收利用等优点，全面提升建筑的综合质量。

图 4.3-18 镇江新区港南路公租房施工现场图

（2）苏州广播电视总台现代传媒广场

苏州市广播电视总台现代传媒广场位于苏州市工业园区南施街与翠园路交汇口东南角，建筑群体包括超高层智能型办公楼、演播楼、酒店楼、商业设施及 M 形屋架等，总用地面积约 37749m^2，总建筑面积约为 325656m^2。

主楼结构为“钢结构预制装配外周框架＋钢筋混凝土核心筒”的混合结构体系，中间为混凝土核心筒，外周为柱梁框架结构；办公楼中庭为大跨空间钢结构；办公楼裙楼为复杂门形空间多层桁架结构，并创新应用了“桁架 - 开洞钢板剪力墙体系”；演播楼结构为预制装配钢框架 + 支撑 + 大型空间桁架的钢结构体系；M 形屋架采用预制装配预应力空间钢结构体系。

办公楼及演播楼的楼面板体系均采用钢筋桁架楼层板，外墙立面均采用单元式幕墙，大大缩短了工程周期。施工阶段采用 BIM 技术进行施工全过程模拟，保证施工精度和装配完成后的建筑造型，很大程度上节约物力和人力资源成本。相关图片见图 4.3-19。

（a）实景图

（b）办公楼中庭施工过程图

图 4.3-19　苏州广播电视总台

第5章 地方篇

自江苏省开展建筑产业现代化工作以来，各设区市积极建立工作机制，完善政策措施，培育骨干企业，推进转型升级，各项工作有序开展。本章梳理了2018年江苏省13个设区市的工作情况。

5.1 南京市

1. 整体情况

（1）严格把关土地出让环节指标落实

截至2018年底，全市土地出让合同中明确装配式建筑指标要求的地块已有162幅，其中2018年新出让经营性地块79幅，土地出让合同中明确装配式建筑指标要求地块的有75幅，对照2018年省下达的装配式建筑面积516万m^2的指标，超额完成任务。

（2）全面推进装配式建筑项目落地

截至2018年底，全市新开工装配式建筑项目122个，其中2018年新开工装配式建筑项目52个，包括居住建筑36项，公共建筑16项。新开工装配式建筑占同期新建建筑面积比例达22.3%。

（3）逐步推广BIM技术

截至2018年底，全市装配式建筑项目中共有22项采用了BIM技术，建筑面积199.5万m^2，涵盖了学校、医院、办公、住宅等多种类型。

（4）深化省、市示范创建工作

截至2018年底，全市共创国家级示范基地3个，各类省级示范42项(示范城市2个，示范基地 25 个，示范项目 15 个），市级投入专项资金 1000 万元开展市级示范创建工作，共培育市级示范基地20个、示范工程项目14个、培训基地2个，开展市级研究课题22项。这些示范为全面推进全市装配式建筑的发展起到了很好的引领作用。

（5）全面落实各项优惠政策

根据《南京市关于进一步推进装配式建筑发展的实施意见》，南京市对采用装配式建筑并达到相关技术指标要求的项目给予相对应面积奖励，这一创新政策充分调动了房地产开发企业的积极性。截至 2018 年底，已有 27 个开发项目申请面积奖励，总建筑面积 515 万 m^2，奖励面积达 10.4 万 m^2，平均获奖面积比例 2.02%。同时对采用装配式建造、单体预制装配率不低于 50% 和成品住房交付的商品房项目，可在其基础施工完成、装配预制部品部件进场并开始安装时办理《商品房预售许可证》，2018 年全市共有 9 个项目享受了此项政策。此外，南京市依据《江苏省装配式建筑（混凝土结构）项目招标投标活动的暂行意见》，对政府投资项目采用装配式建筑且满足预制率不小于 30% 的项目设计、施工和监理招标可采用邀请招标等形式，2018 年全市共有 11 个项目通过专家认定和相关审批后采用了此种招标方式。

（6）充分发挥专家资源，提供技术支持

装配式建筑技术策划方案对后期深化设计、施工组织都会产生直接影响。为防止建设项目为指标而硬拆分等问题的发生，南京市组织专家在装配式建筑技术方案策划、施工图审查前等阶段对设计方案进行技术应用合理性、可行性和经济性等方面的论证和咨询。同时对拟享受政府相关优惠和鼓励政策的装配式建筑项目进行核心指标认定，严格把关。全年共组织召开专家会 32 场次，对 59 个项目进行了专家论证或指标认定。

（7）进一步优化产业布局

截至 2018 年底，全市已有建成投产的装配式混凝土构件生产企业 14 家，设计年产能达 170 万 m^3，实际年产能已达 98.7 万 m^3；建成投产的装配式钢结构企业 3 家，年产能 41.7 万 t，模具加工企业 1 家，同时还拥有内墙板、外墙装饰保温、标准化门窗等多种配套生产企业，初步形成了较为完整的配套产业链，为未来几年装配式建筑的健康发展奠定了坚实的基础。

2. 下一步工作打算

（1）构建全市装配式建筑信息服务与监管平台

2019 年，南京市计划投入 150 万元深化“南京市装配式建筑信息服务与监管平台”建设，目前平台已经基本开发完成，处于调试运行阶段。平台以装配式建筑与建筑信息模型（BIM）为基础，以组成装配式建筑的微观基本单元——构件作为具体对象，以信息服务与过程监管作为具体功能。

（2）继续开展各类示范创建

2019年，南京市将整合省、市财政专项资金3000余万元，继续开展示范创建，组织开展重点课题研究工作。同时启动BIM技术应用的市级示范项目创建工作，鼓励装配式建筑开展全过程BIM技术应用，提升建筑业整体信息化水平，推进装配式建筑与BIM的深度融合。

（3）强化质量监管

针对当前装配式建筑质量，进一步完善相关管理办法，重点加强对竖向连接节点施工过程的管控和检测，确保装配式建筑工程质量和持续健康发展。同时积极探索装配式建筑施工现场管理新模式，开展智慧工地创建活动，进一步提升管理水平。

（4）加强人员培训

充分利用东南大学工业化协同创新中心和南京城建中专等2个市级人才培训基地，加大对管理人员和专业技术人员培训力度。同时与市建筑行业协会和相关生产企业合作，建立市级一线工人的教育培训基地，重点加强装配式建筑灌浆工的专业培训，提升产业工人的业务素质。

5.2 无锡市

1. 整体情况

（1）强化组织推进

2018年，无锡市通过年初下达各市区政府装配式建筑目标任务、年中根据省里下达的目标任务进行调整、下半年纳入高质量发展考核三个阶段，分阶段逐步明确落实目标任务。组织全市观摩会，提高社会各界及整个建筑行业对政策导向的认识。组织市建筑产业现代化领导小组成员单位参观装配式建筑项目以及预制构件厂生产，加强部门沟通，争取更多支持。

（2）稳步推进项目落地

2018年，无锡市通过在商品用地出让要求中纳入装配式建筑要求、在新建建筑中全面推广应用“三板”技术等方式，稳步提高无锡市新建装配式建筑规模和比例。

全市首个装配式建筑项目融创玉兰公馆于2018年9月底通过主体结构验收，目前进入装修阶段。全市首个钢结构装配式建筑，无锡锡东中隆广场5号楼，已完成装配式建筑设计阶段技术论证。江阴市顾山实验小学、新桥镇文化中心2个预制率超过30%的项目，完成了邀标。

（3）完善管理体制

构建无锡市装配式建筑管理框架体系，明确各环节目标任务及各部门管理责任，并制定工作计划。进一步加强工程质量安全管理，制定了《无锡市装配式建筑质量控制管理办法》《无锡市装配式建筑质量监督细则》《装配式混凝土结构建筑施工安全管理要点》《关于加强无锡市装配式建筑工程检测管理的通知》。强化现场监管，在新吴区试点推行深化设计审查、监理驻厂等管理模式。在项目建设审批中全面落实容积率奖励、提前预销售、邀标等各项政策、奖励。

（4）全面推广应用“三板”

发布《关于在无锡市新建建筑中应用预制内外墙板预制楼梯板预制楼板的通知》，明确自2018年7月1日开始，在全市范围新建建筑中推广应用“三板”技术。至2018年底，全年新开工“三板”项目为186.5万m^2。

（5）加强示范引领

目前，无锡市共有各类示范基地、示范项目65项。2018年，从市级建筑节能专项资金中列支200万用于4个市级装配式建筑示范项目的奖励。

（6）开展技术研究

开展《无锡市建筑产业现代化路径研究》专项课题研究，明确无锡市建筑产业现代化发展路线和模式。针对装配式建筑和BIM信息技术应用专题，开展科研课题征集。规范装配式建筑设计编制和审查阶段，已完成《无锡市装配式建筑方案阶段设计专篇》初稿编制。

（7）培育生产基地

至2018年底，无锡市共有装配式建筑预制构件生产基地7家，年产能合计81万m^3，后期拟扩产至97万m^3。

（8）加强宣传培训

开展建筑行业管理机构内部培训，提高管理人员业务水平和管理水平。全年全市培训共计1500人次。组织无锡融创玉兰公馆、万科天一新著装配式建筑施工和成品房建设现场观摩，观摩人员计900余人。赴南京、常州、苏州等地调研学习。

（9）推广BIM技术应用

通过《地块建设条件意见书》，对规模适合的地块，提出必须使用BIM技术指导设计、施工，并在方案审查阶段予以把关。

（10）促进产学研结合

引导产学研合作。江苏博森设计有限公司通过成立建筑产业化研究中心，与江南大学、同济钢构集成应用企业合作，展开多项课题研究；江苏东尚住宅工业有限公司与常州工程职业技术学院联合成立了东尚新型建筑材料研发中心、与河海大学成立了房屋预制装配项目研发小组、与东南大学土木工程学院成立实践基地；沪宁钢机在编制一系列钢结构行业规范的同时，与清华大学、河海大学等高校、科研院所产学研合作，培养专业人才。形成检测机构与生产基地合作。无锡市检测中心与君道建科部品生产基地合作，进行装配式检测管理办法研究及检测实践。建立政府和学校合作。与江南大学、无锡市城建职业学院建立合作关系，共同开展装配式课题研究。

（11）鼓励钢结构项目建设

以沪宁钢机研发大楼为引领，逐步推进钢结构项目建设。通过在容积率和预销售奖励政策中加强钢结构项目奖励标准，鼓励开发单位主动选择钢结构形式建造装配式项目。锡山区锡东中隆广场5号楼钢结构项目、梅里古镇钢结构商业项目已完成设计。

2. 下一步工作打算

（1）健全政策措施

进一步修订市级建筑产业现代化管理政策文件，扩大装配式建筑应用范围和规模，完善管理体制。

（2）完善装配式工程质量、安全、检测管理办法

尽快出台《无锡市装配式建筑质量控制管理办法》《无锡市装配式建筑质量监督细则》《装配式混凝土结构建筑施工安全管理要点》《关于加强无锡市装配式建筑工程检测管理的通知》。

（3）加强成品房建设管理

出台无锡市成品房建设管理办法，进一步加强成品房建设管理，在提高无锡市年度竣工成品住房比例的同时，建立完善成品房管理机制。

（4）建立预制构件生产企业管理制度

对国内主要预制构件厂及各地构件厂管理模式进行调研，探索符合无锡管理模式的构件厂管理模式；明确无锡市构件企业标准，打通构件厂开办流程，为无锡市进一步加大建筑产业现代化发展提供产品保障。

（5）开展行业培训

针对目前全行业技术人才缺乏的现状，积极开展行业培训，有针对性、有重点地

对各类人员进行分层次培训，确保建筑行业设计、施工、监理、相关管理技术和实践操作人员等满足行业转型升级需要。依托行业协会、培训基地、建筑企业、大专院校、农民工业余学校等多种方式，培育无锡市装配式建筑行业人才队伍。尤其是充分发挥农民工业余学校作用，强化日常职业技能培训，促进建筑业农民工向装配式技术工人转型。

（6）进一步探索钢结构推进模式

利用无锡钢结构行业优势，研究鼓励钢结构项目建设的政策举措，探索适宜的装配式钢结构建筑发展方式，走适合无锡特色的装配式建筑发展道路。

（7）进一步明确管理部门内部管理流程

完善内部管理规定，明确各部门、各环节所需配合完成的工作内容及具体要求，确保监管流程闭合，管理有效，工程安全、质量可靠。

5.3 徐州市

1. 整体情况

（1）细化相关政策措施

下发了《关于明确建筑产业现代化工作分工的通知》《关于进一步贯彻落实省、市推进建筑产业化文件的有关事项的会议纪要》等文件，进一步明确工作分工，明确建筑产业现代化工作推进路径，推动装配式建筑项目尽快落地实施。

（2）加强具体流程管控

加强部门联动，形成了具有特色的装配式建筑管控流程：

在土地出让阶段，根据《关于加快推进建筑产业现代化促进建筑产业转型升级的补充通知》，在地块规划条件中提出装配式建筑指标。2018 年，对 65 个地块提出指标，建筑面积达 400 万 m^2。

在项目方案设计阶段，根据土地出让条件中规定的装配式建筑指标，进行《装配式建筑设计指导意见》登记，明确装配式建筑的楼栋号、预制装配率要求，2018 年应用“三板”的建筑面积 950 万 m^2。

在施工图审查阶段，按照《装配式建筑设计指导意见登记表》中拟采用的装配式指标，对装配式建筑进行审查。

在项目施工阶段，确保装配式建筑按照设计要求进行施工，加强对预制构件生产厂家的监管，加强对装配式建筑的质量、安全监管，督促建设单位、施工单位、监理单位依据规范要求做好构件生产、运输、吊装、安装过程中的质量安全监管。

在竣工验收和备案阶段，监督建设单位按照相关的装配式建筑质量验收规范组织验收，对符合要求的项目进行竣工备案。

（3）培育产业基地和示范项目

产业基地方面，拥有2家省级设计研发类示范基地、6家省级部品生产示范基地，1家省级人才实训基地。据不完全统计，已形成产能的预制混凝土生产线（包括自动化和固定模台）共计15条，正在建设的预制混凝土生产线（包括自动化和固定模台）近10条，基本满足全市对预制构件的需要。

装配式项目方面，颐和汇邻湾项目（装配式钢结构）、万科城二期和万科淮西地块部分项目（装配式混凝土结构）已于2018年上半年通过竣工验收，贾汪御湖天下、融创淮海一号、美的乐城、徐工重卡办公楼、邳州云鼎新宜家保障房、邳州城建综合服务中心等装配式项目正在进行主体施工。钢结构装配式住宅试点取得一定进展，原西苑汽修厂的土地出让条件中明确要求全部建筑采用装配式钢结构形式进行建设，项目已进入设计阶段。

在建筑产业上下游产业链拓展方面，徐工集团成立了建筑产业现代化研发机构，正在向机械设备制造、预制构件运输、模板模具、吊装机械方面进行拓展。徐州经济开发区引进了生产预制构件设备的上海电器研砼（徐州）重工科技有限公司，已正式投产。

2. 下一步工作打算

（1）进一步加强对装配式建筑项目的管控

全面梳理装配式建筑管控流程中存在的问题，提高装配式建筑项目落地实施的效率；加强对预制构件的质量管理，要求相关单位严格依据规范进行构件型式检验、材料进场检测、施工过程留样检测等；加强对装配式建筑项目的质量安全监管，要求各责任主体履行各自职能，抓好项目质量安全工作。

（2）加强教育培训

加强对设计人员的培训，转变设计思路，在源头就考虑进行装配式预制构件设计，积极探索标准化设计理念，提高装配式项目的标准化程度，进而提高预制构件的标准化程度，提升建筑产业现代化生产链的整体效率；加强对现场作业工人的培训，让一线工人熟练掌握预制构件吊装、施工、套筒灌浆等技术，增强工人责任心，保障项目关键技术顺利应用。

（3）深入推进省级示范城市创建

建立市级装配式示范项目评选机制，培育一批市级示范项目，从其中择优推荐报送省级装配式示范项目评选，努力打造一批亮点项目，真正形成示范引领效果。

（4）推进课题研究

结合实际工作中存在的问题和难题，开展课题研究，形成一批研究成果。

5.4 常州市

1. 整体情况

（1）加强行政推动

一是积极稳妥推进“三板”。在土地出让条件意见书中明确新建建筑推广应用“三板”的有关要求，加快推进“三板”政策落地。二是研究制定相关专家论证文件。研究制定常州市装配式建筑（混凝土结构）预制率专家论证以及不使用“三板”项目专家论证的文件，明确申请范围和流程。

（2）推进试点示范

大力开展示范基地的建设，培育和发展一批装配式建筑骨干企业。截至2018年底，常州共有省级建筑产业现代化示范项目20个，其中设计研发类示范基地5个、部品生产类示范基地9个、示范工程项目6个。示范基地的建设对开展装配式建筑工程实践和管理创新，促进建设行业转型升级都具有十分明显的带动作用。

（3）开展成品住房课题研究

开展《常州市成品住房现状调研及发展策略研究》。通过对常州市现有成品住房的统计分析、对开发商和市民的调查采访以及对土地的供应分析，研究总结常州市成品房的发展策略建议，并征求相关部门意见，不断完善成品住房的发展策略建议。

（4）推动“三板”项目落地

以预制“三板”为抓手，大力推进装配式建筑项目。全市新出让的地块，在土地出让条件中提出要采用预制“三板”设计建造，且单体建筑应用“三板”的总比例不得低于60%。2018年，通过施工图审查的应用“三板”的项目建筑面积为500多万m^2，应用“三板”的建筑项目数量稳步提升。

（5）开展“三板”项目评估

着手开展常州市“三板”项目评估，通过政府采购，聘请相关专业单位对目前建设项目中“三板”的应用情况进行全面分析和评估，及时总结经验。同时，研究成果为装配式建筑，特别是“三板”建筑的设计建造等环节的政策制定提供科学决策依据。

2. 下一步工作打算

（1）要在政策落地上有新突破

一是积极贯彻落实国家、省等有关文件精神，加快政策落地。在土地出让条件中明确“三板”项目实施要求；同时逐步将成品房宅相关指标纳入土地出让条件。二是完成常州市建筑产业现代化（成品住房）发展规划，统筹推进装配式及成品住房项目建设。

（2）要在市场培育上有新突破

一是发挥房地产企业先导作用，培育一批装配式建筑骨干企业，带动提升整体开发建设水平。二是发挥设计企业技术核心作用，以“三板”为主线，提高标准化、规范化设计水平。三是发挥建筑施工企业主体作用，培育一批设计施工一体化、结构装修一体化施工的装配式施工企业。四是发挥构件部品生产企业基础作用，培育一批规模合理、应用能力强、自动化水平高的生产企业。鼓励大型预拌混凝土、预拌砂浆生产企业、传统建材企业向装配式建筑构件生产企业转型。五是发挥产业集聚群作用，加快培育开发、设计、生产、施工等产业联盟，延伸产业链，做强做精产业集群。

（3）要在示范引导上有新突破

一是着力示范基地建设。优化产业布局，积极推进装配式建筑构件生产类、设计研发类等示范基地建设，积极推进有条件的混凝土生产企业向装配式建筑构件生产企业转型，为常州推广“三板”提供技术和材料供应支撑。二是着力示范项目落地。加快推动采用“三板”设计建造的项目落地，在具备装配式建筑技术应用条件的政府投资项目中，率先采用装配式建筑技术进行设计和施工。

（4）要在监管服务上有新突破

一是健全质量安全监管体系。严格企业质量安全主体责任，强化预制构件质量监管，加强施工安全管理。要通过试点工程项目，总结形成一整套的装配式建筑质量安全监管制度。二是健全装配式项目全过程监管体系。完善装配式建筑工程招投标、施工许可、质监安监、竣工备案及现场执法检查等环节管理制度和流程，推进装配式项目有序开展。优化工程总承包政策环境，推进装配式建筑项目工程总承包。

（5）要在人才保障上有新突破

一是注重人才引进。探索建立装配式建筑和工程总承包人才引进机制，加强企业高层管理人员的培育和储备，提高企业装配式建筑项目管理水平。二是加强教育培训。开展专题培训班、研讨会等多种培训形式，重点培训装配式建筑专业管理人员、技术人员和现场操作人员，壮大产业化工人队伍。

（6）要在宣传上有新突破

通过各类传媒以及不同手段，加强装配式建筑宣传引导和科学普及力度，逐步提高全社会对装配式建筑的认知度、认可度。

5.5 苏州市

1. 整体情况

（1）强化组织推进

2018年3月，市政府先后两次召开全市建筑产业现代化联席会议和全市建筑产业现代化专项推进会议，进一步统一了各地区各部门思想认识，落实责任。11月，市政府组织召开了全市装配式建筑现场观摩推进会，市联席办成员单位代表，各市、区政府分管领导，各住建主管部门分管领导以及部分代建机构、装配式骨干企业代表一同参观了装配式建筑示范工程和生产基地。市联席办组织开展了2017年度专项工作督查，印发了《关于2017年度全市建筑产业现代化推进工作督查情况的通报》；市联席办建立全市建筑产业现代化工作统计工作机制，印发了《关于建立全市建筑产业现代化工作月报制度的通知》，每月形成装配式建筑月报，报送市政府及各市、区相关领导，督促各地加大推进力度。

（2）完善政策措施

2018年9月，市政府正式印发了《苏州市人民政府关于进一步促进建筑业改革发展的实施意见》，把加快推进建筑产业现代化、大力推广装配式建筑的目标、要求、奖励政策等列入《实施意见》，为苏州市推进装配式建筑完善政策依据。苏州市住建局、市财政局印发了《关于贯彻省级建筑产业现代化专项引导资金管理办法的通知》；组织、评审确认了8个市级建筑产业现代化科研课题。

（3）协调促进政府投资项目全面实施装配式建筑

2018年5月，苏州市住建局根据市联席会议工作要求，会同市发改、财政、国土、规划等5个部门共同制定了《关于在政府投资公共项目中全面推广装配式建筑技术的通知》，进一步完善工作协调机制，在政府投资的公共项目中全面实施装配式建筑，实现政府项目、房地产项目协同并进的良好局面。

（4）培育试点示范

盛泽湖文化馆等两个装配式项目被评为省级建筑产业现代化示范项目；中亿丰等7家企业被确定为2018年省级建筑产业现代化示范基地；12家监理企业和8家施工企业入选省住房城乡建设厅装配式建筑施工、监理企业第二批名录库；10家部品生产企业入选了省住房城乡建设厅部品生产企业第二批名录。截至2018年，苏州市共有省级示范基地19个，省级示范工程项目9个。同时，组织开展2018年度苏州市建筑产业现代化示范基地和示范项目评选工作。

（5）部品部件产能稳步提升

2018年，昆山建国、吴江瑞至通、吴江嘉盛万城等混凝土PC工厂先后投产，相城城投公司与中亿丰混凝土PC工厂正式签约。当前，全市已有混凝土预制构件企业13家，分布于太仓市、昆山市、吴江区、吴中区，设计年产能约100万m^3。

（6）组织各地划定重点推进区域

按照市政府部署要求，市联席办组织协调各地划定装配式建筑重点推进区域。全市（除工业园区及姑苏区）均按要求制定了推进装配式建筑发展实施方案，明确了重点推进的区域范围、推进措施，对重点区域内装配式建筑预制装配率及成品住房建设提出了具体要求。

（7）建立全市建筑产业化专家库

为强化技术支撑，建立市级装配式建筑专家库，第一批入库专家20位，涵盖高校、设计院、PC工厂、施工企业等单位。

（8）加大装配式建筑的宣传培训力度

开展全市装配式建筑专题讲座。邀请省住房和城乡建设厅科技发展中心、东南大学专家来苏州市开展装配式建筑的公益性讲座，各市、区建筑产业现代化行政主管部门及装配式建筑相关设计、施工、监理企业从业人员约340人参加讲座。还组织开展建筑产业现代化BIM一体化设计与装修人才实训。积极推进装配式建筑产业工人实训基地的创建。编印了《苏州装配式建筑》和《装配式建筑时代已经到来》2本宣传册。

2. 下一步工作打算

（1）强化政策措施落地

加强市级部门之间的协调，理顺容积率奖励、财政支持、金融支持、税收优惠、预售优惠等方面的奖励政策的流程，对重点项目加强指导服务，鼓励相关企业主动实行装配式技术，发挥政策引导的最大效用。

（2）推进高水平项目的建设

发挥示范引领作用，积极培育装配率能够达到省级示范水平以上的重点项目。创建住房城乡建设部示范项目，以点带面，推动苏州市装配式建筑高质量发展。

（3）加快建设培训基地

加快苏州市首个（吴江嘉盛万城混凝土预制构件工厂）装配式建筑实训基地建设，开展项目技术人员和关键岗位操作人员专项培训，加快培养预制构件安装、吊装、套筒灌浆等建筑产业现代化急需人才。

（4）完善管理机制

整合项目立项、规划许可、建设用地等源头信息，完善项目施工图审查、招标投标、施工许可、质安监督、房产预售等监管环节的体制机制革新和管理模式创新，研究开发装配式建筑信息管理系统，进一步适应装配式建设发展的新要求、新特点。

5.6 南通市

1. 整体情况

（1）出台政策、营造氛围

市政府出台了《关于加快建筑业转型发展的实施意见》，提出鼓励政策和控制举措，为装配式建筑的发展营造了良好政策环境。加强源头把控，按照“应建必建”的原则，依据市政府《南通市区经营性土地使用管理联席会议纪要》与2017年出台的国家《装配式建筑评价标准》，明确南通市装配式建筑的发展目标为：建筑高度12m（含12m）以上住宅100%采用装配式建筑，建筑预制装配率不低于50%，成品住房比例100%。

（2）指标落地、生成项目

市城乡建设局从源头入手，紧紧把握土地出让环节，落实装配式建筑的相关指标，与发改、国土部门密切配合，对划拨和出让土地进行全覆盖，对符合装配式建筑要求的地块明确提出相关指标要求。2018年度，市区28幅经营性地块按要求出让，总建筑面积368万m^2。在保障性住房、棚户区和危房改造等项目中，发展叠合楼板、预制复合墙板、楼梯、阳台板等标准化程度较高的构件和成熟的部品体系。市区新开工建筑预制装配率50%以上的装配式建筑306万m^2，占同期新开工面积的50%。

（3）培育企业、夯实基础

为适应装配式建筑的发展，南通市城乡和城乡建设局积极引导从业单位由传统的设计、施工、监理向装配式建筑的全产业链转型发展，进一步深化装配式建筑全流程技术研究。出台《南通市 BIM 技术应用文件》，引导设计单位开展装配式建筑适宜技术综合应用研究。充分发挥示范引导作用，积极推进示范基地和示范项目建设，2018年度，南通市积极推进建筑产业现代化基地和研发平台建设，优化生产力布局，整合各类生产要素，实现建筑产业集聚集约发展。8 家产业化基地被评为 2018 年度省级示范基地，南通现代建筑产业园被评为省级建筑产业现代化示范园区。新增 1 个省级建筑产业现代化示范工程项目，同时参照省级标准评定了 9 个市级建筑产业现代化示范工程项目。

（4）及时跟进、强化监管

为适应装配式建筑的发展，开展了相关产品和生产工艺的质量安全监管研究，形成了一系列配套的监管办法和技术标准，并严格装配式建筑质量安全监管，加大对在建装配式建筑的抽查频次和核查力度，确保相关指标落实落地。

2. 下一步工作打算

（1）加强规划引导

按照南通市建筑产业现代化发展规划，积极引导企业理性投资，合理布局，防止产能过剩。引导相关企业继续开展技术研究与创新，不断提升部品质量、提高建筑企业生产建造工艺水平和施工效率，降低成本。

（2）加强考核督办

南通市建筑产业现代化地区推进不均衡的状况依旧存在。2019 年度，南通市将装配式建筑纳入全市“四个全面”考核，指导县市区按当地实际，将相关指标纳入经营性地块出让中，不断提高全市范围内装配式建筑面积占新开工面积的比例。

（3）探索培训机制

开展多层次装配式建筑知识培训，提高行业管理人员、企业负责人、专业技术人员、经营管理人员的管理能力和技术水平；依托职业院校、职业培训机构和实训基地培训紧缺技能人才；支持企业对接专业院校实行订单式培养，定向培养适应装配式建筑发展需要的专业技术管理人才和技术操作工人。扶持装配式建筑的部品部件生产企业建立职业化施工队伍，着力培育规模化、专业化的建筑产业工人，为全面推进装配式建筑提供人力资源保证。

5.7 连云港市

1. 整体情况

（1）政府高度重视

出台了《连云港市关于加快推进建筑产业现代化的实施意见》，印发了《关于建立全市建筑产业现代化推进工作联席会议制度的通知》，并认真贯彻落实。连云港市成立推进建筑产业现代化领导小组及专家委员会，建立全市建筑产业现代化推进工作联席会议制度。在政策引导、技术支持和管理服务方面提供帮助，大力推进建筑产业现代化工作。各县区也明确了牵头机构，出台了一系列的推进举措。2018 年初全市组织召开了推进建筑业发展工作会议，专门对建筑产业现代化工作进行了部署。

（2）落实发展规划

严格落实《连云港市建筑产业现代化发展“十三五”规划》，围绕近期和长期目标，推进连云港市建筑产业现代化政策措施、目标任务和总体规划的落实。力争到 2020 年全市装配式建筑占新建建筑面积比例达到 30% 以上；市区新建商品房全装修比例达到 50% 以上，县城达到 30% 以上，装配式住宅建筑和政府投资新建的公共租赁住房全部实现成品住房交付。

（3）突出示范引导

通过示范城市、示范基地、示范项目创建引领建筑业产业化发展，积极推动产业化基地建设，全市已有 6 个省级建筑产业现代化示范基地，初步形成了建筑产业现代化推进新格局。

（4）强化技术支撑

市城乡建设局专门成立了建筑产业化专家咨询小组，主要负责建筑设计、新技术和新工艺论证、部品认定、住宅性能认定等建筑产业化相关技术服务指导工作。推广使用成熟适用的结构体系、技术、产品，科学研究分析建筑产业现代化推进情况。同时，还积极组织建设主管部门和行业相关人员参加《装配式混凝土建筑技术标准》等相关标准的学习。

（5）建全相关制度

根据工作实际，加快完善装配式建筑制度体系，包括招投标、工程造价、预制构件质量监管、施工现场安全管理等相关制度。同时，为落实《江苏省装配式建筑预制装配率计算细则（试行）》和《装配式建筑评价标准》，制定相关推进措施。

（6）提升产业能力

推行工程总承包，重点培育江苏万象建工集团有限公司、江苏万年达建设等 6 家工程总承包试点企业和一批试点项目，明确每年不少于 20% 的国有资金投资占主导的项目实施工程总承包，装配式建筑原则上全部采用工程总承包模式；培育全过程工程咨询服务，促进咨询企业提供全过程、一体化服务，重点培育连云港市建筑设计研究院、江苏中建设计研究院等 5 家工程建设全过程项目管理咨询服务试点企业，着力培育建筑产业化龙头骨干企业。

（7）落实“三板”规定

认真落实“三板”相关文件精神，制定相关配套实施细则，按照全省的要求 2018 年 7 月 1 日起在全市新建建筑中全面应用预制内外墙板、预制楼梯板、预制楼板（“三板”）。

（8）落实目标任务

落实省下达的目标任务，结合连云港市建筑产业现代化工作实际，印发了《市政府关于认真落实〈2018 年全装配式建筑和成品住房任务分解表〉的通知》，将相关目标责任下达到各县区、各成员单位，同时加强监督和跟踪服务，确保相关扶持政策落到实处，有效推动连云港市建筑产业现代化健康发展。目前，已建成投产“装配式钢结构构件”生产基地 2 家，“装配式混凝土构件”生产基地 3 家，“保温装饰装修一体板”生产基地 5 家，“太阳能建筑一体化”生产基地 2 家，“标准化门窗”生产基地 6 家，设计研发基地 3 家。

（9）广泛动员宣传

进一步加强建筑产业现代化发展的宣传引导，通过各种媒体网络、现场观摩会、座谈研讨会等形式，总结推广先进经验，扩大企业影响，提高社会认知度和认同度，加快建筑产业现代化发展步伐。

2. 下一步工作打算

（1）开展示范引领

通过示范城市、示范基地、示范工程项目创建，引领建筑产业现代化发展，重点培育江苏万年达杭萧钢构有限公司、城建集团连云港锐城建设工程有限公司、中建材北新房屋有限公司等一批现代化、规模化、专业化的建筑行业骨干企业，鼓励上下游相关企业和科研单位组成联合体，形成大型产业集团，推动产业集群发展。

（2）强化联动推进

推进装配式建筑与成品住房、绿色建筑联动发展，协调发改、规划、国土、城建、财政、税务等相关部门，制定进一步扶持政策的实施细则，按市政府已出台的文件切实落实相关政策。

（3）加快园区建设

加强与中交一公局集团的合作，积极推进装配式建筑产业园区建设，按照“一中心，N 园区”的设计思路为发展方向，科学规划、合理布局，推动产业集聚。成立建筑产业现代化工业园区建设领导小组，各部门联动给予土地、税收、规费等方面支持，鼓励建筑企业进驻园区，形成规模化的装配式建筑产业链。

（4）推动项目落地

每年度确定一定比例的地块在其规划设计条件中明确装配式建筑要求，政府性投资项目率先采用装配式建筑技术，选择保障性住房、公共建筑等有条件的建设项目进行试点，并逐步扩大装配式建筑技术在商品房中的应用规模。对于采用新型产业现代化施工的企业建议提供优惠政策或进行补贴。

（5）严格监测评价

建立全市建筑产业现代化统计制度，加强建筑产业现代化企业和工程项目数据库建设。制定建筑产业现代化发展监测评价指标体系，定期对全市各县区建筑产业现代化实施情况组织监测评价。加强对示范基地的绩效考核和评估评价，确保各项工作顺利推进。

5.8 淮安市

1. 整体情况

（1）完善推进机制

充分发挥市建筑产业现代化联席会议的作用，加强规划引导、政策支持和统筹协调，建立高效的工作推进机制，及时研究和解决工作中遇到的矛盾和问题，稳步推进建筑产业现代化工作。2018 年 7 月 30 日，召开全市建筑产业现代化推进工作联席会议，研究部署年度工作。

（2）明确目标任务

根据省下达的目标任务，制定下发了 2018 年全市建筑产业现代化的目标任务，并列入各县区跨越式发展目标考核内容，年底对完成情况进行严格考核。各县区均较好地完成了目标任务。

（3）完善配套政策

结合淮安市实际，在深入调研和广泛征求意见的基础上，先后出台淮安市《关于加快推进建筑产业现代化促进建筑产业转型升级的指导意见》《关于加快推进建筑产业现代化的若干政策》《市政府办公室关于进一步推进装配式建筑发展的通知》《促进建筑业改革发展的实施意见》《关于加强装配式建筑建设管理的通知》《装配式建筑预制部品部件生产管理暂行办法》等文件，全面规范装配式建筑的建设管理工作。

（4）推动项目建设

一是超额完成目标任务。2018 年全市建设用地规划条件中明确的装配式建筑项目面积达 287 万 m^2，全年在建装配式项目面积 94.7 万 m^2，新开工项目达 110 万 m^2，超过省下达的 60 万 m^2 的年度任务，完成率 183%。

二是及时上报信息。根据省统一部署，高度重视装配式建筑和成品住房信息报送工作，建立信息月报和通报制度，督促各县区通过省建筑产业现代化管理信息平台按月完成相关信息报送，定期通报各县区年度目标任务完成情况，安排专人负责，并将报送数据纳入考核指标依据之一。确保信息报送的及时、准确、全面。

（5）重抓企业培育

组织淮安市一批骨干企业先后赴省内外多地，开展调查研究、学习经验、洽谈合作。积极培育装配式部品部件生产能力，加快基地建设。建成湖南远大、中天杭萧钢构、龙信集团、中民筑友、中兴集团等装配式部品部件生产基地。2018 年，盱眙国联龙信、淮安凡之晟、江苏建源三家企业获批省建筑现代化示范基地。江苏远翔、江苏绿野、江苏天工、中天杭萧钢构、盱眙国联龙信、淮安凡之晟、江苏建源的装配式建筑生产基地已正式投产运行，产品应用于淮安、南京、天长、扬州等地。其中预制混凝土构件的产能达 290 万 m^2，钢结构构件的产能达 100 万 m^2，比上一年增长了近 10 倍，基本满足淮安市装配式建筑的市场需求。

将装配式建筑生产基地建设投产纳入重点工作，按时跟踪企业产品生产进度，督促淮安凡之晟、中天杭萧钢构等基地加快建设进度，督促引导建华管桩抓紧改造流水线，及时配合散办指导预拌砂浆企业向装配式建筑产品转型。鼓励投资咨询、勘察、设计、监理、造价等企业采取联合、重组、并购等方式向全过程工程咨询企业转型。已有 9 家装配式建筑部品构件生产基地、11 家装配式建筑施工监理企业、5 家工程总承包试点企业列入省级企业名录。2018 年，省级装配式建筑示范项目实现零的突破。

（6）加强宣传培训

利用报纸、网站、刊物等媒体宣传建筑产业现代化，不断提高公众对建筑产业现代化的认知。江苏绿野、中天杭萧钢构等装配式建筑生产基地联合淮阴工学院、淮阴商业学校等院校建立校企合作平台，开展装配式建筑人员培训。

2. 下一步工作打算

（1）全面落实建筑产业现代化相关政策

严格执行《淮安市关于进一步推进装配式建筑发展的通知》等文件精神，稳步推进装配式建筑的健康发展。进一步完善相关监管制度，建立装配式建筑监管机制。

（2）推进装配式建筑示范项目顺利实施

做好新开工装配式建筑项目的监管和指导工作，及时协调解决项目建设过程中遇到的困难和矛盾。组织相关观摩活动，切实发挥示范引导作用，推动建筑产业现代化成熟技术和产品的应用。

（3）注重人才队伍建设

加强与高校、科研院所的沟通，推进装配式建筑实训基地建设，健全多层次多方式的培训机制，建设成专业化的人才队伍，夯实产业发展的人才基础。

（4）加强督查考核

会同相关部门对各县区开展督查，督查、考核结果予以公布，促进各县区推进建筑产业现代化工作。

5.9 盐城市

1. 整体情况

（1）完善政策体系

下发了《关于进一步贯彻落实 < 盐城市人民政府关于加快推进装配式建筑发展的实施意见 > 的通知》和《关于在全市新建建筑中全面应用“三板”的通知》，加强政策引导和支持，将全面推广“三板”作为推进盐城市装配式建筑发展的切入点和突破口。

（2）加强组织领导

一是督促各地建立健全建筑产业现代化领导小组，加强工作沟通协调；二是组织多种形式宣传培训，组织各地工程质量安全监督职能部门、检测机构、工程建设各方相关管理人员参加国家、省级装配式建筑技能培训，组织注册建筑师、结构工程师、建造师、监理工程师参加装配式建筑技术继续教育；三是组织专项督查考核，对照年度目标任务，对标找差，并在全市进行通报，督促工作推进落后地区制定赶超措施，加大推进力度。

（3）加快配套能力建设

全市建筑产业现代化基地初具规模，现有7个装配式混凝土预制构件生产基地在建，年设计产能达133万 m^3，5个装配式混凝土预制构件生产基地投产，年产能30.3万 m^3。

（4）强化试点示范

阜宁县绿色智慧建筑产业园获批省建筑产业现代化示范园区，江苏晟功三一重工有限公司获批省建筑产业现代化示范基地并被录入全省预制部品部件产业基地名录，盐城市公投公司商务楼获批省建筑产业现代化示范工程项目。

（5）推进项目落地

加强与有关部门沟通协调，建立联动机制，加大施工图审查力度，保证了装配式建筑指标有效落实。2018年，盐城市区和阜宁县、东台市、滨海县在土地招拍挂时将装配式建筑和成品住房要求纳入建设用地规划设计条件，全市共有14个出让地块在用地规划条件中明确了装配式建筑、单体预制装配率、成品住房比例。

2. 下一步工作打算

坚持“四个不变”：决心不变、标准不变、目标不变、思路不变，积极稳妥推进建筑产业现代化发展，力争实现“四个一百”的目标，即全市新开工装配式建筑面积100万 m^2、成品住房开工和竣工建筑面积100万 m^2、预制混凝土装配式建筑部品部件生产能力达100万 m^3。具体做好以下几方面工作：

（1）进一步加大宣传培训力度

通过电视、网络、报纸等媒体，加强正面宣传和引导，广泛宣传装配式建筑相关政策措施、典型案例和经验做法，组织1～2期专题培训班和现场观摩会，对建设、设计、施工、监理、生产单位和工程质量、安全监督部门进行系统培训，提高各相关职能部门、工程建设人员职业技能，增进全社会共识，加快建立盐城市建筑产业化人才体系和产业化工人队伍。

（2）大力促进新建装配式建筑项目落地

根据省下达的年度目标任务，加大装配式建筑项目建设力度，从源头上抓落实，加强与规划国土等部门沟通衔接，建立协同监管机制和常态化信息通报机制，在用地规划条件和施工图审查环节严格落实装配式建筑指标和“三板”应用指标，确保一批装配式建筑、成品住房和“三板”应用项目开工建设，确保装配式建筑和成品住房控制指标落地。

（3）加大试点示范力度

继续培育一批示范项目，组织观摩学习，总结推广成功经验和做法，扩大装配式建筑影响力。

（4）加强支撑体系建设

引导现有基础条件较好的生产企业做大做强，完善质量保障体系，尽快达产达效，培育一批省市产业化示范园区和产业示范基地，保障全市装配式建筑部品部件需求。

（5）加强质量安全监管

重点加强装配式部品部件生产、安装环节监管，完善生产和施工安装企业质量安全保证体系。

（6）强化督查考核

根据省下达的目标任务，加大督查力度，提请市政府督查室对全市规划、国土、建设部门目标任务落实情况进行专项督查，对存在问题和工作不力部门进行督办。

5.10 扬州市

1. 整体情况

（1）完善政策体系

扬州市先后制定出台了《关于加快建筑产业现代化发展的指导意见》《市政府关于促进和扶持我市建筑业发展的实施意见》《市建筑产业化工程建设管理实施意见》等文件。2018 年 8 月，扬州市政府在组织多轮调研的基础上，研究制定了《关于进一步推广装配式建筑的实施意见》，对推广装配式建筑的重点区域、项目类型、目标任务、工作机制、奖励优惠等方面作出了明确规定，为装配式建筑发展营造了良好的政策环境。

（2）落实工作任务

2018 年，省下达的装配式建筑项目任务面积为 237 万 m^2，新开工装配式建筑项目 158 万 m^2，年度竣工成品住房 140 万 m^2。扬州市组织调研，召开座谈会，科学分解任务到县（市、区）。装配式建筑项目同一地块内 100% 采用装配式建造方式，公共建筑单体、住宅建筑单体预制装配率不低于 50%。截至目前，已获批仪征市中医院等 5 个省级建筑产业现代化示范工程项目。组织扬州市建培中心编制装配式建筑实用操作教材，全市完成了 2000 人次的建筑产业化实用型人才培训，其中 BIM 人员 328 人，装配式建筑项目经理、监理员、安全员、质监员、施工员、审图工作人员、操作工人员等 850 余人。

（3）确保政策落地

坚持源头入手，对采用装配式建造方式的项目，将项目的装配式建筑比例、预制装配率、成品住房供应比例等指标纳入地块规划设计条件中，确保装配式建筑的具体要求落实到位。制定激励政策，对预制装配率达到50%以上的项目，给予不超过2%的容积率奖励，对新建建筑外墙采用预制夹心保温板的，其保温层及外叶墙板的水平截面积，可不计入项目的容积率核算。强化闭合监管，对未达到装配式建筑要求的，规划部门取消奖励政策，按超容积率处理，建设部门依法对建设单位、施工单位进行处罚。

（4）加强质量监管

制定完善相应的配套管理政策，从装配式建筑的安全监管、质量监督、工程检测以及市场规范管理等方面创新监管方式，形成装配式建筑从部品部件企业登记、生产、施工、验收的全过程监管体系。进一步强化落实各方监管主体责任，确保装配式建筑质量安全总体可控。

（5）推动产业集聚

坚持政府引导、优化布局、控制总量的原则，每个县（市、区）规划建设一个相对集中的生产基地。2018年，扬州市共创建住房城乡建设部装配式建筑产业基地1个，省级示范城市2个，示范园区1个，示范基地13个，扬州市已有建筑产业现代化企业24家，其中预制混凝土部品构件生产企业6家，年产能80万m^3，形成了以华江集团、和天下公司等为代表的装配式建筑技术研发基地及产学研合作平台，带动了相关内墙板、外墙装饰保温、钢结构等配套产业同步发展，初步形成了较为完整的产业链。

2. 下一步工作打算

（1）加快提升产业发展能力

一是继续指导扬州建筑产业园和华江集团、高邮旺财、华晟新诚等装配式建筑部品构件生产企业提升产能，助推扬州市装配式建筑持续发展。二是加快培育设计、开发、施工、监理等市场主体，提升核心技术和创新能力，引导扬州市建筑全产业链向建筑产业化模式转型，实现融合互动发展，推进建筑产业建造方式变革。三是积极推行住宅装配化装修，培育成品住宅市场，倡导一体化设计、施工、装修，确保装修质量。

（2）规范引导行业有序发展

规范市场主体准入机制，严格控制盲目扩张、无序竞争等行为，各县（市、区）原则上只建设1个装配式建筑产业基地（园区）。扶持建筑企业发展装配式建筑设计、生产、施工等业务。政府投资项目全部采用装配式建筑。成立建筑产业化发展行业协会，引领、指导、协调建筑产业科研、设计、生产、施工等企业有序竞争、协调发展。

（3）突出抓好项目建设质量

完善装配式建筑工程管理措施，针对装配式建筑的特点和要求，进一步细化工作措施、强化质量监管。积极推进工程总承包，政府性投资项目投标或竞购主体的资质、标准、业绩等必须满足实施产业化项目需要。完善部品部件生产和施工的安全监督、质量监督制度，从严抓好装配式建筑、成品住房装饰装修施工全过程监管，确保装配式建筑项目的施工安全和工程质量。

（4）切实加强人才队伍培养

重点开展装配式建筑专业技术人才培训，对各级建设主管部门以及开发、设计、施工、部品生产等单位的相关从业人员开展培训，提高从业人员对装配式建筑项目管理和施工技术水平，培育新型建筑产业工人。推进职业院校和有关企业开展合作，培养专业技能人才。

（5）不断强化舆论宣传引导

积极面向社会开展宣传，通过多种形式深入宣传发展装配式建筑的经济效益、社会效益、生态效益，宣传装配式建筑的安全性能、绿色施工等优势，提高社会对装配式建筑的认可度，为推广装配式建筑营造良好的环境。

5.11 镇江市

1. 整体情况

（1）落实装配式建筑项目

2018 年，市区公开出让 16 幅地块，均在出让土地中明确装配式建筑比例、预制装配率、成品住房比例等技术指标，其中 5 幅地块成品住房比例达 100%。

（2）持续培育示范基地和示范工程项目

2018 年，创建 1 个省级示范园区、1 个省级示范基地、1 个省级建筑信息模型（BIM）技术应用工程项目，印发《关于组织申报 2018 年度市级建筑产业现代化专项引导资金项目的通知》，开展市级示范基地、示范工程项目申报工作。共创建了 2 个住房城乡建设部装配式建筑示范基地、1 个省级示范城市、1 个省级示范园区、6 个省级示范基地及 5 个省级示范工程项目，另有 13 个基地、14 个工程项目通过市级示范评审。

（3）完善装配式建筑监管体系

研究出台《关于加强装配式建筑工程监管工作的通知》《镇江市建筑装配式建筑预

制混凝土构件生产技术导则》《关于加强装配式混凝土建筑工程质量检测管理工作的通知》《关于对装配式建筑 PC 构件生产供应单位生产技术能力实行登记管理的通知》等文件，在施工图审查、施工方案论证、预制混凝土构件生产、质量检测及验收等环节强化控制，保障装配式建筑质量安全。

（4）组织从业人员培训

先后组织施工、监理、设计审图、建设单位及墙材生产单位从业人员培训，共计培训 4000 余人次。通过开展建筑产业现代化系列培训，让从业人员了解装配式建筑相关政策、技术标准，掌握相关施工方法、质量安全控制要点等，提升镇江市装配式建筑从业人员技术和管理能力，解决镇江市建筑产业现代化从业人员人才缺乏问题，有力推进全市建筑产业现代化工作健康发展。在强化培训同时，加大宣传力度。及时更新镇江市绿色建筑与建筑产业化网站及微信公众号内容，累计发布宣传报道 76 篇；定期编制建筑产业现代化推进工作简报，报送市推进建筑产业现代化联席会议成员单位及住建系统相关单位、处室，累计编印 14 期。

（5）扩充调整专家库

为充分发挥专家队伍技术服务指导作用，广泛征集建筑产业现代化设计、施工、造价、审图、预制混凝土构件生产等各方面专家，通过个人申报、组织筛选，确定新增建筑产业现代化专家 53 人，加上原有 37 位，现有市级专家 90 人，为镇江市持续推进建筑产业现代化工作提供强有力的技术支持和服务。

（6）开展市级示范验收

组织 2016 年市级示范基地和工程项目评审验收，从市建筑产业现代化专家库中抽取专家组成评审验收组，通过现场查勘基地和工程项目，集中听取实施单位 PPT 演示汇报，审查验收申报资料，共有 3 个基地、5 个工程项目通过市级示范验收。

（7）强化引导资金管理

按照《镇江市建筑产业现代化和建筑业发展专项引导资金管理办法》要求，严格制定示范项目申报、评审、公示和公告程序，强化与财政部门联动，向市政府请示调整引导资金分配使用方案，提高引导资金使用效率。目前省财政拨付到位的 5000 万元引导资金，已确定使用 3843.8 万元，使用率达到 77%，按程序拨付到位 2467.1 万元。

2. 下一步工作打算

（1）严格执行“三板”应用规定

根据省住房城乡建设厅等五部门《关于在新建建筑中加快推广应用预制内外墙

板预制楼梯板预制楼板的通知》要求，自 2017 年 12 月 1 日起，镇江市符合条件的工程项目全面推广应用预制内外墙板、预制楼梯板、预制楼板（含预制叠合楼板），应用比例不低于 60%，要求全市审图机构严格把关，不符合要求的施工图，不予审查通过。

（2）完善装配式建筑监管体系

严格执行《关于加强装配式建筑工程监管工作的通知》《关于对装配式建筑 PC 构件生产供应单位生产技术能力实行登记管理的通知》，规范参建各方建筑市场行为，对预制混凝土构件生产企业实行登记管理，未按要求登记企业生产的预制混凝土构件不能用于镇江市范围内的在建工程，以规范预制混凝土构件生产企业行为，保障装配式建筑工程质量。

（3）开展示范项目跟踪评估

为鼓励引导建设单位提高装配式建筑建设水平，在省住房城乡建设厅对镇江市省级建筑产业现代化示范城市验收之前，2019 年初开展 2018 年度市级示范基地和工程项目的申报评审，同时做好示范基地、项目的跟踪评估工作，确保装配式技术应用到位。

（4）落实好激励政策

根据《关于推进我市建筑产业现代化发展的实施方案》文件要求，做好商品住宅提前预售、装配式建筑邀请招标等激励政策审核服务等工作。

（5）制定市级标准化设计文件

研究出台装配式建筑楼梯、叠合板、剪力墙板等系列构件标准化设计文件和规定，开展标准化设计试点和探索，为推进建筑产业现代化积累更多更好经验。

（6）做好省级示范城市验收准备工作

准备好示范城市创建资料收集、归档等工作，做好省级建筑产业现代化示范城市验收各项工作。

5.12 泰州市

1. 整体情况

（1）政策措施不断完善

在 2017 年印发《泰州市建筑产业现代化“十三五”发展规划》基础上，2018 年，泰州市住建局、发改委、国土局、规划局联合下发了《关于进一步加大建筑产业现代化推进力度的通知》，细化了工作责任，固化了工作程序，形成了分工明确、协同把关的工作机制。

（2）产业发展持续向好

目前，泰州各市区都建设了建筑装配式生产基地，全市已经投入生产的有9家，正在建设中的有4家。2018年获批了4个省级示范基地和2个省级示范工程项目。

2. 下一步工作打算

（1）完善各项政策措施

一是充分发挥市联席会议制度作用，会同发改、国土、经信、规划、住建、财政、税务等各成员单位，针对产业现代化发展在项目建设中的各个管理环节，进一步优化发展环境、形成工作机制，确保装配式建筑项目得到有效实施。二是不断细化落实相关引导激励政策。三是在项目建设推进过程中，建立适应建筑产业现代化特点的新型服务监管体系，创新工程招投标、施工组织、施工图审、工程造价、质量安全、竣工验收等管理模式。

（2）扎实推进项目建设

一是继续抓住土地出让源头，加快装配式建筑和成品住房建设。全面启动经营性土地附带建设条件强制出让，强化对出让地块落实“两个100%”的要求；二是以推广预制“三板”为突破口，在施工图审查时严把控制关，确保“三板”推广应用工作落到实处；三是重点针对新建保障性住房、政府投资医院、学校等公共建筑全面实施装配式建筑，发挥政府投资项目的示范引领作用。

（3）培育产业发展能力

一是指导各市（区）建筑产业现代化生产基地加快建成投产，重点培育装配式建筑配套产能，助推全市装配式建筑持续发展。二是加快培育掌握产业现代化核心技术、具备技术创新和装配式建筑施工能力的设计、开发、施工、监理市场主体，引导泰州市建筑全产业链向建筑产业现代化模式转型，实现融合互动发展，推进建筑产业建造方式变革。三是积极推行住宅装配化全装修，培育成品化住宅市场，倡导一体化设计、施工、装修，确保装修质量。

（4）强化责任目标考核

加大对各市（区）装配式建筑和成品住房建设任务完成情况的督查考核通报力度，督促各地装配式建筑和成品住房建设项目实行按月进度监测，严格落实完成装配式建筑和成品住房建设任务指标。

5.13 宿迁市

1. 整体情况

（1）政策扶持稳步推进

自全省开展建筑产业现代化工作以来，宿迁市建立了全市建筑产业现代化推进工作联席会议制度，保证了各项工作有序开展。同时，宿迁市相继出台了相应政策和规划，如《市政府关于加快推进建筑产业现代化促进建筑产业转型升级的意见》《宿迁市建筑产业现代化发展规划（2016—2025年）》，明确了发展目标和步骤、重点任务、支持政策及保障措施。并于2018年12月29日出台《宿迁市关于加快推进装配式建筑发展的实施意见》。

（2）各项指标显著提升

2018年宿迁市建设用地规划条件中明确的装配式建筑面积、新建装配式建筑面积、竣工成品住房面积和新建成品住房面积同比增长均有大幅提升。2018年共获批示范工程项目2个，省级部品生产类示范基地一个。

（3）组织技术培训

为提升各单位管理人员对建筑产业现代化的掌握水平，宿迁市组织人员参加国家、省、行业协会组织的人才培训，同时联系市人社部门开设2018年度全市建筑产业现代化高级研修班，邀请省市领导专家给各县区建筑产业现代化行业主管部门，开发、设计、施工、监理等单位负责人及相关管理人员集中授课。

2. 下一步工作打算

（1）加强人才培训力度

计划举办建筑产业现代化专题讲座，积极组织各种建筑产业现代化知识培训，提高相关人员的专业技术水平和执业素质。依托职业院校、职业培训机构和实训基地，为全面推动建筑产业现代化提供人才保证。

（2）强化目标考核

细化分解宿迁市装配式建筑发展年度指标，并列入市政府对各县、区（开发区、新区、园区）政府（管委会）年度目标任务。市委市政府督查室会同市住建部门定期督查指标的完成情况。

（3）成立专家委员会

拟于2019年下半年成立建筑产业现代化专家委员会，负责对全市新技术、新产品、新标准组织论证、评审及验收；对确定采用装配式建筑技术标准开发建设的项目提出预制装配率等技术指标，对装配式建筑工程项目的建设进行审核、认定，包括审定装配式建筑项目技术方案、认定项目技术性能、确定预制面积等事项，并为施工图审查提供参考。

附录 1　国家装配式建筑示范名录

国家装配式建筑示范名录　　附表 1-1

2017 年国家装配式建筑示范城市	
1	南京市
2	海门市
3	常州市武进区
2017 年国家装配式建筑产业基地	
1	东南大学
2	建华建材（江苏）有限公司
3	江苏东尚住宅工业有限公司
4	江苏沪宁钢机股份有限公司
5	江苏华江建设集团有限公司
6	江苏南通三建集团股份有限公司
7	江苏元大建筑科技有限公司
8	江苏中南建筑产业集团有限责任公司
9	江苏筑森建筑设计股份有限公司
10	龙信建设集团有限公司
11	南京大地建设集团有限责任公司
12	南京工业大学
13	南京旭建新型建材股份有限公司
14	南京长江都市建筑设计股份有限公司
15	启迪设计集团股份有限公司
16	苏州金螳螂建筑装饰股份有限公司
17	苏州科逸住宅设备股份有限公司
18	苏州昆仑绿建木结构科技股份有限公司
19	威信广厦模块住宅工业有限公司
20	中衡设计集团股份有限公司

附录 2　江苏省建筑产业现代化示范名录

2015 年省级建筑产业现代化示范项目　　附表 2-1

示范城市	
1	南通市
2	镇江市
3	海门市
4	常州市武进区
5	南京市江宁区
6	扬州市江都区

示范基地

序号	类别	所在地	实施单位
1	集成应用类	南京市	南京大地建设集团有限责任公司
2		苏州市	苏州金螳螂建筑装饰股份有限公司
3		南通市	龙信建设集团有限公司
4			江苏中南建筑产业集团有限责任公司
5		镇江市	威信广厦模块住宅工业有限公司
6	设计研发类	南京市	南京长江都市建筑设计股份有限公司
7			江苏省建筑科学研究院有限公司
8			南京工业大学（土木工程学院）
9			东南大学（土木工程学院）
10		常州市	常州市建筑科学研究院股份有限公司
11			江苏筑森建筑设计有限公司
12		苏州市	苏州设计研究院股份有限公司
13			苏州工业园区设计研究院股份有限公司
14	部品生产类	南京市	南京金中建幕墙装饰有限公司
15			南京旭建新型建材股份有限公司
16		无锡市	江苏宏厦门窗有限公司
17			宜兴市赛特新型建筑材料有限公司
18		徐州市	徐州飞虹网架建设有限公司
19			徐州中煤百甲重钢科技有限公司
20		常州市	常州中铁城建构件有限公司
21			常州绿建板业有限公司
22			长沙远大住宅工业（江苏）有限公司
23		苏州市	苏州科逸住宅设备股份有限公司

续表

示范基地			
序号	类别	所在地	实施单位
24	部品生产类	连云港市	江苏欧野建筑节能科技有限公司
25		淮安市	江苏远翔装饰工程有限公司
26			江苏绿野建筑发展有限公司
27		扬州市	江苏华江祥瑞现代建筑发展有限公司
28		镇江市	江苏建华新型墙材有限公司
29		宿迁市	江苏元大建筑科技有限公司
示范工程项目			
序号	所在地	项目名称	项目承担单位
1	南京市	南京万科九都荟花园 E-04 号楼、F-04 号楼、G-02 号楼	南京万融置业有限公司
2		南京丁家庄二期 C 地块建筑产业现代化集成技术示范工程	南京安居保障房建设发展有限公司
3		南京万科 G51 地块项目	南京凯瑞置业有限公司
4		中瑞银丰 01-04 号厂房 05 号存储区 06 号配电房及地下室	南京中瑞银丰实业投资有限公司
5	徐州市	万科城 B1 地块	徐州万汇置业有限公司
6	常州市	新城帝景	常州万方新城房地产开发有限公司
7		溧阳市夏林村安置小区（二期）	溧阳万达房地产开发有限公司
8	苏州市	姑苏裕沁庭（东区）多层住宅项目	积水常承（苏州）房地产开发有限公司
9		太湖御玲珑生态住宅示范苑	苏州花万里房地产开发有限公司
10		太湖论坛城 7 号地块	苏州皇家整体住宅系统股份有限公司
11		花桥国际社区一期住宅楼	昆山万科房地产有限公司
12	南通市	海门市龙馨家园老年公寓项目	江苏运杰置业有限公司
13		海门市运杰龙馨家园三期项目	江苏运杰置业有限公司
14		南京中南世纪雅苑 5 号、9 号楼装配式住宅工程	江苏中南建筑产业集团有限公司
15		中南总部基地二期 3 号楼（宿舍楼）装配式工程	江苏中南建筑产业集团有限公司
16	扬州市	江苏华江科技研发中心	江苏华江科技有限公司
17	镇江市	万科沁园（三期一标）	镇江新区保障住房建设发展有限公司
18		镇江新区港南路公租房	镇江润都置业有限公司
人才实训项目			
序号	所在地	承担单位	计划人数
1	常州市	江苏城乡建设职业学院	1000
2	徐州市	江苏建筑职业技术学院	1000
3	南京市	南京高等职业技术学院	1000

2016 年省级建筑产业现代化示范项目　　附表 2-2

示范城市	
1	苏州市
2	扬州市
3	海安县
4	阜宁县

示范基地

序号	类别	所在地	实施单位
1	集成应用类	苏州市	苏州昆仑绿建木结构科技股份有限公司
2			苏州旭杰建筑科技股份有限公司
3	设计研发类	省级	东南大学工业化住宅与建筑工业研究所（东南大学建筑学院）
4			江南大学
5			江苏建筑职业技术学院（江苏建筑节能与建造技术协同创新中心）
6			扬州工业职业技术学院
7		南京市	江苏省建筑设计研究院有限公司
8			江苏龙腾工程设计有限公司
9		徐州市	徐州中国矿业大学建筑设计咨询研究院有限公司
10		常州市	常州市规划设计院
11		苏州市	苏州市建筑科学研究院集团股份有限公司
12		南通市	南通市建筑设计研究院
13			江苏省苏中建设集团
14		连云港市	连云港市建筑设计研究院有限责任公司
15		淮安市	江苏美城建筑规划设计院有限公司
16		盐城市	盐城市建筑设计研究院有限公司
17		扬州市	扬州市建筑设计研究院
18		镇江市	江苏镇江建筑科学研究院集团股份有限公司
19			江苏中森建筑设计有限公司
20		宿迁市	江苏政泰建筑设计有限公司
21	部品生产类	南京市	江苏丰彩新型建材有限公司
22			江苏建科节能技术有限公司 （原名：江苏康斯维信建筑节能技术有限公司）
23			南京倍立达新材料系统工程股份有限公司
24		无锡市	江苏东尚新型建材有限公司
25			江苏沪宁钢机股份有限公司
26		常州市	常州克拉赛克门窗有限公司
27			江苏圣乐建设工程有限公司
28		苏州市	风范绿色建筑（常熟）有限公司
29			阿博建材（昆山）有限公司

续表

示范基地			
序号	类别	所在地	实施单位
30	部品生产类	苏州市	禧屋家居科技（昆山）有限公司
31			江苏春阳新材料科技集团有限公司
32		南通市	南通科达建材股份有限公司
33			龙信集团江苏建筑产业有限公司
34			南通市康民全预制构件有限公司
35		盐城市	江苏金贸建设集团有限公司
36		扬州市	江苏和天下节能科技有限公司
37			江苏华发装饰有限公司
38			扬州牧羊钢结构工程有限公司
39		镇江市	镇江奇佩支吊架有限公司

示范工程项目			
序号	所在地	项目名称	项目承担单位
1	南京市	世纪雅苑 A-9 幢、A-10 幢装配式住宅工程	南京市中南新锦城房地产开发有限公司
2		NO. 2014G07 地块项目 21 号、22 号模块住宅	南京新城万隆房地产有限公司
3	苏州市	苏州市广播电视总台现代传媒广场	苏州市广播电视总台 中衡设计集团股份有限公司
4		中南世纪城 21 号	江苏中南建筑产业集团有限公司
5	南通市	南通政务中心北侧停车综合楼	龙信建设集团有限公司
6		龙信广场一期项目	江苏运杰置业有限公司
7	扬州市	天山馨村安置区 1 号、2 号	扬州融通建设有限公司
8	宿迁市	铂金美寓（宿城区耿车安置小区）二期	江苏金柏年房地产开发有限责任公司

人才实训项目			
序号	所在地	承担单位	计划人数
1	省属	江苏城乡建设职业学院	3200
2		江苏建筑职业技术学院	600
3		江苏工程职业技术学院	1400
4	南京市	南京高等职业技术学校	500
5	扬州市	扬州建设培训中心	300

2017 年省级建筑产业现代化示范项目　　附表 2-3

示范城市	
1	南京市
2	徐州市

示范基地

序号	类别	所在地	实施单位
1	集成应用类	南通市	江苏南通三建集团股份有限公司
2		扬州市	江苏华江建设集团有限公司
3			江苏兆智建筑科技有限公司
4	设计研发类	省属	江苏省工程建设标准站
5			江苏省建筑工程质量检测中心有限公司
6			南京工大建设工程技术有限公司
7		南京市	南京市建筑设计研究院有限责任公司
8			南京市建筑安装工程质量检测中心
9			江苏方建质量鉴定检测有限公司
10			南京方圆建设工程材料检测中心
11		无锡市	无锡市建筑设计研究院有限责任公司
12			江苏博森建筑设计有限公司
13		扬州市	江苏省华建建设股份有限公司
14		常州市	常州市安贞建设工程检测有限公司
15	部品生产类	南京市	中民筑友科技（江苏）有限公司
16			江苏新蓝天钢结构有限公司
17			南京天固建筑科技有限公司
18		徐州市	江苏莱士敦建筑科技有限公司
19			江苏唐基新材料科技有限公司
20			徐州工润建筑科技有限公司
21			江苏恒久钢构有限公司
22		常州市	江苏宝鹏建筑工业化材料有限公司
23			常州砼筑建筑科技有限公司
24			江苏华大集成房屋有限公司
25		苏州市	江苏三一筑工有限公司
26		连云港市	连云港市锐城建设工程有限公司
27			江苏万年达杭萧钢构有限公司
28		淮安市	江苏天工建筑科技有限公司
29		盐城市	江苏美鑫源绿色房屋有限公司
30		扬州市	宝胜建设有限公司
31	部品生产类	扬州市	扬州中意水泥制品有限公司

续表

示范基地			
序号	类别	所在地	实施单位
32	部品生产类	泰州市	江苏宇辉住宅工业有限公司
33			江苏泰润物流装备有限公司

示范工程项目			
序号	所在地	项目名称	项目承担单位
1	南京市	丁家庄二期（含柳塘片区）保障性住房项目 A27 地块	南京安居保障房建设发展有限公司
2		江宁西部美丽乡村文化展示中心	南京江宁美丽乡村建设开发有限公司
3	无锡市	江苏沪宁装配式建筑工程有限公司研发大楼	江苏沪宁装配式建筑工程有限公司
4	常州市	江苏省绿色建筑博览园	江苏武进绿锦建设有限公司
5		常州市武进区淹城初级中学体育馆	常州市武进区淹城初级中学
6		常州市工程职业技术学院地下工程技术中心	常州工程职业技术学院
7	苏州市	现代木结构企业馆	苏州昆仑绿建木结构科技股份有限公司
8	南通市	龙信广场（二期工程）7、8、9 号楼	江苏运杰置业有限公司
9	盐城市	德惠尚书府 39 号、40 号楼	江苏德惠建设集团有限公司
10	扬州市	仪征市滨江新城整体城镇化一期项目（中医院东区分院）	仪征市建设发展有限公司
11	镇江市	镇江苏宁广场	镇江苏宁置业有限公司
12		镇江中南御锦城四期	镇江中南新锦城房地产发展有限公司
13		镇江中建·大观天下小区项目（二号地块二期）	镇江市中建地产有限公司
14	泰州市	靖江龙馨园小区（一期）3 号楼	龙信房地产（靖江）有限公司

人才实训项目			
序号	所在地	承担单位	计划人数
1	常州市	江苏城乡建设职业学院	1700
2	南京市	省住房城乡建设厅科技发展中心	1700

2018 年省级建筑产业现代化示范项目　　附表 2-4

示范园区		
序号	地区	园区
1	南通市	南通现代建筑产业园
2	盐城市	阜宁绿色智慧建筑产业园
3	扬州市	江苏省和天下绿建产业园
4	镇江市	句容现代建筑产业园

示范基地			
序号	类型	所在地	单位名称
1	集成应用	南京市	南京国际健康城投资发展有限公司
2		无锡市	无锡同济钢结构项目管理有限公司
3		苏州市	中亿丰建设集团股份有限公司
4	设计研发	省直	南京林业大学
5			南京大学建筑规划设计研究院有限公司
6			东南大学建筑设计研究院有限公司
7			南京工业大学建筑设计研究院
8		常州市	常州市武进建筑设计院有限公司
9		苏州市	苏州东吴建筑设计院有限责任公司
10		连云港市	江苏世博设计研究院有限公司
11		南通市	海门市建筑设计院有限公司
12	部品生产	南京市	江苏建构科技发展有限公司
13			江苏东塔建筑科技有限公司
14			南京市嘉翼建筑科技有限公司
15		无锡市	江苏捷阳科技股份有限公司
16			申锡机械有限公司
17			江苏大东钢板有限公司
18			无锡嘉盛商远建筑科技有限公司
19		徐州市	江苏福久住宅工业制造有限公司
20			新沂三一筑工有限公司
21			徐州中煤汉泰建筑工业化有限公司
22			江苏诚意住宅工业科技发展有限公司
23			上海电气研砼（徐州）重工科技有限公司
24		常州市	中盈远大（常州）装配式建筑有限公司
25		苏州市	苏州嘉盛万城建筑工业有限公司
26			苏州瑞至通建筑科技有限公司
27			苏州嘉盛远大建筑工业有限公司
28			苏州杰通建筑工业有限公司
29			苏州建国建筑工业有限公司

续表

示范基地			
序号	类型	所在地	单位名称
30	部品生产	南通市	南通达海澄筑建筑科技有限公司
31			南通华荣建设集团建材科技有限公司
32			南通中房建筑科技有限公司
33			南通砼研建筑科技有限公司
34			江苏吉润住宅科技有限公司
35			海门市智达建筑材料科技有限公司
36			如皋汉府建筑科技有限公司
37		连云港市	连云港东浦建筑工业化发展有限公司
38		淮安市	淮安凡之晟远大建筑工业有限公司
39			江苏建源益成新材料科技有限公司
40			江苏国联龙信建设科技有限公司
41		盐城市	江苏晟功三一筑工有限公司
42		扬州市	扬州通利冷藏集装箱有限公司
43			江苏旺材科技有限公司
44		镇江市	中交二航局第三工程有限公司大路分公司
45		泰州市	江苏保力自动化科技有限公司
46			泰州龙祥现代建筑发展有限公司
47			中核铭际建筑科技（泰兴）有限公司
48			玉荣建筑科技（兴化）有限公司
49		宿迁市	华江泗阳现代建筑发展有限公司

示范工程项目			
序号	所在地	项目名称	项目承担单位
1	南京市	南京江北新区人才公寓（1号地块）项目（1-2、4-11号楼）	南京国际健康城开发建设有限公司
2		南京江北新区未来居住建筑钢—混凝土组合示范楼	南京国际健康城开发建设有限公司
3		桥林产业人才共有产权房项目	南京市浦口区保障房建设发展有限公司
4		南京一中江北校区（高中部）建设工程项目	南京国际健康城投资发展有限公司
5		河滨花园	南京佳运城房地产开发有限公司
6		禄口街道肖家山及省道340拆迁安置房（经济适用房）	南京市江宁区人民政府禄口街道办事处
7		南京江宁技术开发区综保创业孵化基地	南京江宁经济技术开发总公司
8	无锡市	XDG-2016-33号二期房地产开发项目	中海地产（无锡）有限公司
9		新桥镇文化中心	江阴市新桥镇人民政府
10	徐州市	发展全地面起重机建设项目科技大楼工程	徐州重型机械有限公司
11	常州市	美的国宾府	常州市翔辉房地产发展有限公司
12	苏州市	苏州湾文化中心（苏州大剧院、吴江博览中心）	苏州市吴江城市投资发展有限公司/中衡设计集团股份有限公司
13		盛泽湖文化馆	苏州昆仑绿建木结构科技股份有限公司

续表

示范工程项目			
序号	所在地	项目名称	项目承担单位
14	南通市	如皋 GXQ2014-34 号地块	江苏中南建筑产业集团有限责任公司
15		R17028（北地块）	南通港新置业有限公司
16		龙信玉园（一期工程 1 ～ 3 号楼，二期工程 4 号、5 号楼）项目	江苏运杰置业有限公司
17		江苏省海安高新技术产业开发区科创中心工程	江苏华新高新技术创业有限公司
18		了凡木屋度假酒店	江苏了凡旅游投资开发有限公司
19	淮安市	江苏天工建筑科技集团有限公司研发中心	江苏天工建筑科技集团有限公司
20		年产 8 万 m^3 建筑预制件项目	江苏国联龙信建设科技有限公司
21	盐城市	盐城市建设开发有限公司公投商务楼	盐城市建设开发有限公司
22	扬州市	扬州市广陵区体操馆	扬州广通置业有限公司
23		扬州东方国际大酒店主楼工程	扬州亚太置业有限公司
24		江都人民医院异地新建工程行政楼	扬州市龙川医疗投资管理有限公司
25	泰州市	泰州市周山河初级中学建筑工程	锦宸集团有限公司
26		泰州第二人民医院门诊大楼及部分附属用房项目	泰州市第二人民医院
27	宿迁市	泗阳县实验初级中学教学楼、科技馆及东校区二期宿舍楼	泗阳县住房和城乡建设局
28		泗阳双语实验学校校园提升改造项目一期	泗阳县住房和城乡建设局

2015 ~ 2018 年江苏省建筑产业现代化示范项目数量统计　　附表 2-5

地区	合计	示范城市	示范园区	示范基地				示范工程项目
				小计	集成应用类	设计研发类	部品生产类	
全省	234	12	4	150	13	45	92	68
南京市	48	2	0	31	2	18	11	15
无锡市	15	0	0	12	1	3	8	3
徐州市	16	1	0	13	0	2	11	2
常州市	21	1	0	14	0	5	9	6
苏州市	30	1	0	20	5	4	11	9
南通市	31	3	1	15	2	3	10	12
连云港市	6	0	0	6	0	2	4	0
淮安市	9	0	0	7	0	1	6	2
盐城市	8	1	1	4	0	1	3	2
扬州市	22	2	1	13	2	3	8	6
镇江市	13	1	1	6	1	2	3	5
泰州市	9	0	0	6	0	0	6	3
宿迁市	6	0	0	3	0	1	2	3